1997 / ISBN 315-3115

알기쉬운 실전
CALS

CALS 추진협의회 편저
정 석 찬   역

 성안당

日本 옴사 · 성안당 共同 出版

알기쉬운 실전
CALS

Original Japanese edition
Nihonban CALS
Edited by CALS Suishinkyougikai
Copyright © 1995 by CALS Suishinkyougikai
published by Ohmsha, Ltd.

This Korean language edition co-published by Ohmsha, Ltd. and Sung An Dang, publishing Co.
Copyright © 1997
All right reserved.

서 문

　　CALS(Continuous Acquisition and Lifecycle Support : 연속적인 조달과 모든 라이프사이클 지원)란, 종이에 의한 병기시스템의 조달과 운용에 관련된 모든 정보를 디지털화하는 전략이다. 향후의 경영 및 업무의 이상적인 모습을 추구하며, 표준화, 자동화 및 통합화를 실시하여 제조업의 경쟁력 강화를 도모하는 미국방성과 미국 방위산업체의 공동전략이다.

　　현재 세계 각국에서 추진하고 있는 CALS 운동은 이미 미국방성에서 추진한 문서를 기본으로 한 문서 체계 및 프로세스 체계의 표준화에 의하여 구현된 방위시스템을 기본으로 하여, 방위시스템 구축에 사용될 기술표준 및 디지털 데이터의 축적법과 정보 인프라를 보급 확대시키고자 하는 운동이다.

　　CALS의 도입에는 각국의 사회적 기반 및 법제도, 상거래 관습의 재평가가 필요하며, 이에 대한 각국의 적극적인 대응을 기대하고 있다. 그러나, 일본의 CALS는 국방 CALS가 아닌 상용 중심의 CALS를 추진하는 유일한 국가이다. 이 점에서 세계가 주목하고 있다.

　　그러나, 우려되는 것은 각 부처별 CALS, 각 산업계별 CALS 등, 많은 CALS가 여러가지 형태로 구축되고 있다는 점이다. CALS 구축에 귀중한 자원이 분산되며, 불완전한 CALS를 중복 투자하여, 서로 경쟁하게 되면 세계의 CALS에서 경쟁력이 약화된다. 21세기의 정보사회에서 우위를 확보하기 위해서는 지금이야말로 국가적인 차원에서 세계적으로도 우수한 일본의 생산기술을 CALS로서 통합하고, 세계표준의 하나로서 제안하여야 한다.

　　이 책은 위와 같은 생각을 가진 사람들이 일본 전자공업진흥협회 CALS연구회를 1991년 4월1일 발족한 후, 1995년 5월9일까지 연구해 온 성과를 워킹 그룹 3(정보기술)의 멤버가 중심이 되어, "CALS 실천을 위한 가이드북"으로 정리한 것이다. 향후, 일본에서도 CALS의 실적이 나오면 개정해나갈 예정이다. CALS 추진에 조금이나마 이바지 할 수 있기를 바란다.

CALS 추진협의회 이사 **미쯔다 히로시(水田 活)**

역자 서문

현재, 국내에서도 CALS의 개념이 확산되어 정착되고 있다. 그리고 정보통신부, 통상산업부를 중심으로 국가 차원에서의 CALS 검토가 추진되고 있으며, 기업에서도 SI 업체를 중심으로 도입이 검토되고 있다.

CALS는 기업활동의 모든 부문에서 발생하는 정보를 표준에 따라 디지털화한 후, 공유함으로써 생산성 향상 및 코스트 절감을 도모하는 활동이다.

이러한 CALS 구현을 위해서는 현재의 업무방식을 철저하게 분석하여, 향후 구현할 이상적인 이미지를 설정하고 현재의 모든 정보기술을 활용하여 추진하며, 21세기의 생산 패러다임이 되는 가상기업의 구현을 목표로 한다.

CALS 구현을 위한 현재의 업무분석에서는 단순히 정보 공유를 위한 기업의 업무 프로세스를 분석하는 것뿐만 아니라, 법제의 재정비 및 종래의 종이 중심으로 수행되었던 업무 프로세스를 디지털 정보에 의한 업무 프로세스가 가능하도록 인식의 전환 등, 사회의 모든 분야를 포함한다.

그리고, 세계 차원에서의 디지털 정보에 의한 업무 수행이 가능하도록 하기 위해서는 각국의 상이한 문화, 상거래법, 법제도 등을 재정비할 필요가 있다. 이 책은 이러한 관점에서 일본 CALS 추진협의회(CIF ; CALS Industry Forum)의 전신인 일본전자공업진흥회의 CALS 연구회가 1991년부터 3년간 현재 일본의 상황을 분석하여 향후 일본이 추진할 계획안을 제시한 것을 정리한 것이다.

그리고, 기존의 CALS 개념만을 소개한 책과는 다르게 현재 일본이 21세기를 향하여 추진하고 있는 여러 첨단기술 프로젝트의 개요를 비롯하여 정보화 추진 현황 및 문제점을 지적한 후, 일본의 CALS 추진 계획안을 제시하였다. 따라서, 일본과 산업환경의 유사점이 많은 한국에서 CALS를 추진하는 데 있어서 많은 참고가 되리라 생각된다.

현재 국내의 CALS에 관한 여러가지 입문서가 소개되었지만, CALS의 개념, CALS에 사용되는 표준의 개요 및 해외 CALS 추진사례 등을 소개한 것에 불과하였다.

이 책은 이러한 개념을 포괄적으로 포함하면서, 실제 일본의 산업 현황을 분석하여 추진 가이드 라인을 제시한 것이 큰 의의라고 할 수 있다.

따라서, 이 책은 기업내에서 실제 CALS 업무를 담당하는 실무자에게 많은 도움이 되리라 생각되며, 내용도 중급의 수준이므로 기존의 입문서와 병행하는 것이 좋다.

마지막으로, 이 책의 번역 및 원고 정리에 많은 도움을 준 유동일박사, 정미영, 정향숙씨에게 감사를 드린다.

■■차 례■■■■■■■■■■■

제 1 장   **CALS의 배경을 탐구한다**   *1*

과거의 실패에서 배운다 ··· 2

종이 사용으로 발생되는 문제는? ··· 3

미국 제조업의 21세기 비전 ··· 6

민간기업은 오해하고 있다 ··· 8

민간기업이 획득하는 CALS의 효과 ····································· 8

CALS로 성공한 기업(BPR 사례) ··· 11

제 2 장   **CALS의 철저한 이해**   *17*

미국 정부의 정책 ·· 18

CALS의 네 가지 본질 ·· 23

SIS와 CALS ··· 24

BPR과 CALS ·· 26

NII와 CALS ·· 27

ISO 9000과 CALS ·· 31

제 3 장   **CALS의 실태를 탐구한다**   *33*

미국의 정부조달에 대한 CALS의 적용 ································ 34

로지스틱스 주도의 CALS ·· 39

제 4 장   **CALS 규격**   *49*

CALS 실시의 절차와 결정에 관한 규격 ······························ 50

CALS 기술정보 서비스 방식의 규격 ···································· 52

CALS에 이용하는 정보기술 및 툴의 규격 ················· 56
기술관리 규격 ·· 63

제 5 장 기업통합(티 ; Enterprise Integration) 67

티에 대해서 ··· 68
티의 사례 ·· 71
티를 지탱하는 기관 ··· 78

제 6 장 CALS로 만들어진 시판 소프트웨어 (COTS) 85

CALS 관련 기술의 분류와 COTS ····················· 86
COTS의 범위 ·· 88
주요 COTS ·· 89
주요 COTS의 리스트 ······································ 90

제 7 장 CALS의 국제화 105

유럽의 CALS ·· 108
아시아 태평양 지역의 CALS ···························· 111
기 타 ··· 112

제 8 장 일본 제조업의 실태와 비전 113

CALS가 일본에 준 영향 ·································· 114
21세기에서의 생산력 강화를 어떻게 할 것인가? ····· 115
21세기로 향한 일본판 CALS 운동의 과제 ·········· 142
시큐어리티와 지적 재산권 ································ 151
일본의 CALS 추진 계획안 ······························ 155

● 참 고 문 헌 ·· 163
● CALS 용어집 ·· 165

제 **1** 장

CALS의 배경을 탐구한다

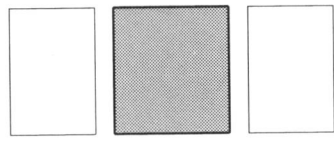

이 장에서는
먼저 페이퍼리스(Paperless)에 의한
후방지원(로지스틱스 서포트)업무의
효율화라는 관점에서 시작된 CALS의
배경을 소개한다. 그리고,
후방지원업무의 효율화에서 시작된
CALS의 개념이 조달업무를 포함하고,
제품의 전 라이프사이클까지 범위를
확대하고, 향후에는 21세기 제조업의
비전을 제시하게 되는 과정을 소개한다.

과거의 실패에서 배운다

미국의 제조업은 1910년대의 헨리포드(Henry Ford)로 대표되는 대량 생산방식에 의하여 제품이 풍부한 풍요로운 사회를 구축하였다. 1908년에 발매된 T형 포드는 20년간 약 1,500만대가 생산되었다. 그러나, 이 생산방식은 규격화된 시방의 제품을 대량 생산하는 것에는 적합하였지만, 소비자의 다양한 기호 변화에 유연하게 대응하지 못하여, 미국 제조업의 경쟁력이 점차로 저하되었다.

MIT의 산업생산성조사위원회가 이 문제를 분석한 결과, 1970, 1980년대에 환경문제가 대두되어 미국 소비자의 자동차에 대한 기호가 소형이며 연비 효율이 좋고, 환경오염이 적은 것을 선호하게 되었고, 이 변화에 가장 빨리 대응한 일본의 자동차 제조업계가 미국의 자동차 시장을 점유하게 된 것이다.

이와 같은 시장의 변화에 대하여 각 부문에서의 정보 공유 및 개발기간의 단축, 시장 변화에 대한 유연한 대응, 기업 계열 내에서의 업무 개선(JIT : Just In Time) 및 버텀업(Buttom-Up)적인 업무 개선(소집단 활동) 등에서 미국산업의 경쟁력이 일본산업보다 저하된 것이다. 또한, 저널리스트가 실시한 다른 분석에 따르면, 1980년대에 성행된 제조업 본래의 업무가 아닌 기업합병(M&A) 및 매매가 성행되어, 이것이 또한 미국 산업의 체력을 더욱 저하시켰다고 지적되었다.

한편, 국방의 영역에서는 국가의 안전보장 및 방위시스템의 유지·관리라는 관점에서 정보를 효과적으로 활용하고자 하는 CALS 활동이 1980년대부터 전개되었다. 그리고, CALS의 개념을 방위시스템에만 한정하지 않고, 민간기업에도 적용하여 전술된 미국 산업의 현상을 타파하고자 하는 움직임이 일어났다. 미국 산업이 부진하게 된 원인은 시장의 변화에 따른 정보가 신속하고 유연하게 생산 부문에 제공되지 않은 점과 부문 간에서 작업에 관한 의사교환의 결여 및 소집단 활동에서 작업자 개개인이 직접 참여하여 적극적으로 수행하고자 하는 자발적인 개선의식이 결여되어 있기 때문이었다.

정보의 활용에 있어서는 MIS(Management Information System : 경영정보시스템) 등이 개발되어 어느 정도의 성과를 얻었지만, 컴퓨터 능력 및 정보의 표준화라는 관점에서는 불충분하였다. 이러한 관점에서 전 부문에서 제품의 라이프사이클 전체를 통한 정보의 최대한 활용, 부문내의 정보화로부터 부문 간, 기업 간, 그리고 생산자에서 고객에 이르기까지 정보화의 범위를 확대하여, 정보를 중심으로 한 협동작업업무의 합리화를 도모하고자 하였다.

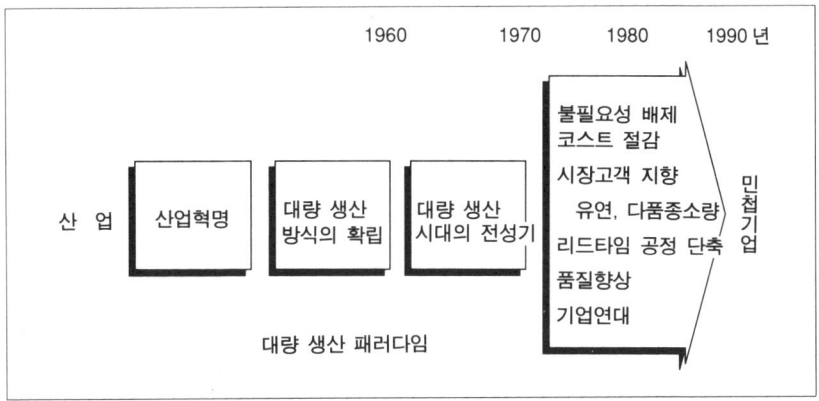

그림 1.1 산업 패러다임의 변화

이와 같은 구상은 이미 리하이대학에서 검토한 21세기의 제조업의 패러다임인 가상 기업(VE : Virtual Enterprise)이라는 비전과도 일치하며, CALS 추진과는 별도로 미국의 제조업에서 지속적으로 확산되고 있으므로 미국의 산업경쟁력이 계속 향상될 것으로 예상된다.

즉, 미국 제조업은 대량생산 대량판매의 패러다임에서 민첩 기업(Agile Enterprise) 패러다임으로 이행하고 있다고 할 수 있다(**그림 1.1**).

1993년에 출범한 클린턴 행정부는 EC(Electronic Commerce : 전자상거래)와 NII (National Information Infrastructure : 전미정보기반)의 추진을 국가의 중요 정책으로 추진하였다. 이들 정책은 정보의 고도 이용에 관련된 것으로 CALS와도 많은 관계가 있다.

▌▌ 종이 사용으로 발생되는 문제는?

국방의 영역에서는 1980년에 들어서 병기 시스템에 관련된 막대한 자료의 관리가 문제로 대두되었다. 이것은 병기시스템이 전자기기 등 고도기술의 집적체로 되었고, 시스템이 복잡화, 대규모화된 결과인 것이다. 이와 같은 병기 시스템을 종전의 방법으로 유지하기에는 매우 어렵게 되었고, 당시 동서의 긴장 관계에서 국가의 안전 유지라는 관점에서 큰 문제가 되었다.

CALS EXPO '93에서 발표된 자료에 의하면, **그림 1.2**에 나타낸 바와 같이 미 육군의 전차에 관한 기술자료의 양은 매년 증가하였고, 특히 최근에 급속하게 증가하였다.

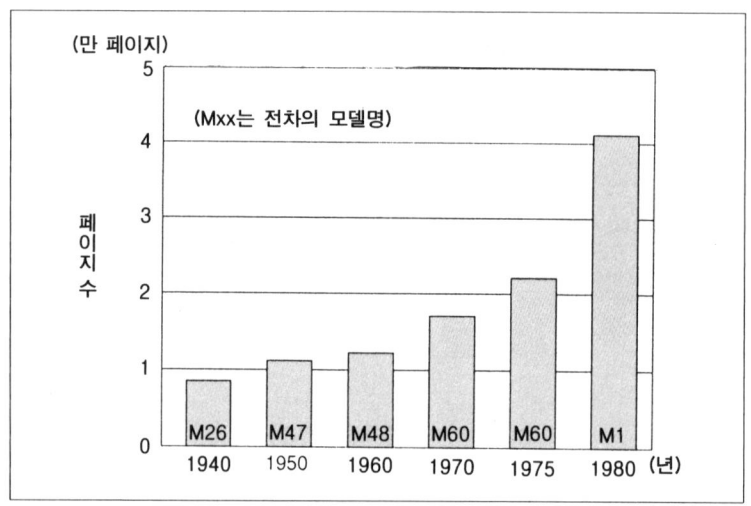

그림 1.2   전차기술 자료 페이지 수의 연도 추이

그리고, 종이에 의한 정보는 다음과 같은 문제를 내포하고 있음이 지적되었다.

● 부정확 ······································· 연간 1만여 건의 기술 메뉴얼상의 오류가 보고되 고 있다.

● 높은 코스트 ······························· 페이지당 2,000달러 이상의 코스트가 소요된다.

● 지연시간 ································· 2년 이상의 백로그(Back Log)를 가지고 있다.

● 기술 메뉴얼의 양 ······················ 20만 타이틀, 연간 500만 페이지의 추가개정이 있 다.

● 기술도면 ································· 연간 8,000만 장의 카피가 필요하며, 연간 10% 씩 증가하고 있다.

● 시방 및 규격 ···························· 5만 타이틀, 연간 6,000만 장의 카피가 필요하다.

이와 같이 종이에 의한 국방체제의 유지는 한계에 도달하였고, 페이퍼리스(Paper-less)적인 정부・군의 조달 시스템이 검토되어, 이것이 곧 CALS 시스템 구상의 원 천이 되었다. CALS의 변천 과정은 **표 1.1**에 나타낸 바와 같다.

한편, 일본에서는 (社)일본마이크로사진협회 및 (財)일본정보처리개발협회가 1994 년 7월에 정리한 「거래기록과 장부보존의 실태에 관한 조사보고서」에 따르면, 상법 (상업장부 등 중요서류는 10년간 보존 의무) 및 세법(거래기록 및 법정장부 등은 7년 간 납세지에서 보존 의무)에 의하여 보관이 의무화된 장부 및 전표의 보존을 위해서 한 회사당 평균 2,900만엔/년이 지불되고 있다 (조사대상 : 은행을 제외한 동경 수도 권의 상장기업 1,360사, 앙케이트 회답 231사).

표 1.1 CALS의 기원과 변천 과정

① 1984년 4월	국방조사국(IDA : Institute of Defense Analysis)의 주도하에 정부, 산업계에서 참가한 검토위원으로 구성된 테스크 포스(Task Force)가 형성되어 미군의 후방지원(로지스틱 서포트)에 대하여 검토하였다. 여기서 검토된 문제점은 후방지원에는 막대한 양의 종이 자료가 사용되고 있다는 점과 품질과 코스트를 개선하기 위해서는 종이 정보에서 전자적인 정보 활용으로 개선해 갈 필요가 있는 것으로 지적되었다.
② 1985년 6월	테스크 포스의 보고서가 출판되었다. 이 보고서에는 CALS의 목표(방위병기 시스템의 후방지원의 품질개선과 코스트 절감) 및 실시에 관한 마일스톤이 제시되었다.
③ 1985년 9월 24일	국방성 부장관(Deputy Secretary of Defense) 윌리엄 태프트(William Taft)는 상기의 보고서를 높이 평가하여, Taft 메모(제 1 차)를 발행하였다. 그 결과, CALS를 국방장관 사무국(OSD : Office of the Secretary of Defense)이 정식으로 추진되게 되었다. 1985년의 CALS는 Computer Aided Logistics Support였다. DoD(미국방성 : Department of Defense)의 생산·로지스틱 담당 국방차관 사무국(Office of the Under Secretary of Defense for Production and Logistics)내에 CALS 정책과(CALS Policy Office)가 설치되었다.
④ 1986년	CALS ISG(CALS Industry Steering Group : CALS 산업운영단체)가 NSIA(National Security Industrial Association : 미국 국방산업협회)의 후원으로 설립되었다.
⑤ 1987년	CALS의 대상을 제품 라이프 사이클의 모든 범위로 확대하여 Computer-aided Acquisition and Logistics Support로 재정의되었다.
⑥ 1988년 8월 5일	제 2 차 Taft 메모가 발행되었다. 1988년 9월 이후에 시작하는 프로그램에 대하여 CALS의 적용을 의무화하였다. • 계약자의 시스템과 프로세스를 통합할 것 • 계약자가 보유하는 데이터베이스를 정부에서 액세스가 가능할 것 • 표준형식에 의한 데이터의 납입 및 사용이 가능할 것 진행중의 프로그램에 대해서는, • 코스트 절감, 품질개선을 위하여 부분적으로 CALS를 적용한다. DOD 인프라의 정비 • 디지털 데이터를 납입받아 사용이 가능한 인프라를 정비한다. • CALS 표준을 지원 가능하도록 시스템을 구성한다.
⑦ 1991년	DOD 지시 5000.2(방위조달 관리정책과 절차)에 의해 CALS 적용이 지시되었다.
⑧ 1993년	클린턴 행정부가 출범하였다. 클린턴 행정부의 중요 시책으로서 NII(전미정보기반) 및 EC(전자상거래)의 추진이 설정되었다.
⑨ 1993년	DoD 중심의 CALS 추진에서 DoC(미국상무성 : Department of Commerce)도 산업경쟁력 강화의 일환으로 CALS를 추진하게 되었다. 라이프 사이클 전반을 고려하여, Continuous Acquisition and Life-cycle Support로 개칭되었다.
⑩ 1994년	NII 및 EC와의 관련, 군용 CALS에서 상용 CALS로의 전환을 강조하여, Commerce At Light Speed가 되었다.

미국 제조업의 21세기 비전

미국은 금세기 초반부터 대량생산시스템에 의하여 창출된 생산력으로 세계경제를 석권하여 왔다. 그러나, 이 생산시스템도 20세기 후반에 발생한 대규모적인 환경 변화에 의하여 쇠퇴되고 있다.

따라서 미국의 제조업계는 쇠퇴된 공업생산력을 회복하고자 정보기술을 기반으로 한 새로운 활동을 추진하기 시작하였다. 특히, 정보기술의 강화, 확충 및 표준화를 적극적으로 도모하여, 모든 기업활동의 기반을 정보·통신에 두고, 제품개발에서 제조·관리·보수·폐기·재이용 등, 라이프사이클의 각 단계에서의 기업활동에 관한 「정보의 공유」라는 컨셉을 활발하게 전개하고 있다.

정보의 공유라는 것은 라이프사이클 지원을 목적으로 하여, 모든 기업정보를 전자화하여 통합 데이터베이스로 일괄적으로 관리하는 것이다. 통합 데이터베이스로 관리하는 데이터는 종래의 수치 데이터 및 문서정보뿐만 아니라, 도면, CAD/CAM 데이터는 물론, 영상 및 음성 등의 멀티미디어 정보 등, 모든 데이터를 대상으로 하며, 이것들을 모두 전자화하는 것이다. 더우기 전자화된 여러 데이터를 간단하고 저가격으로, 그리고 신속하고 정확하게 상호 이용 가능한 오픈 네트워크 환경의 정비관리도 통합 데이터베이스의 관리와 같이 중요한 것으로 인식되고 있다.

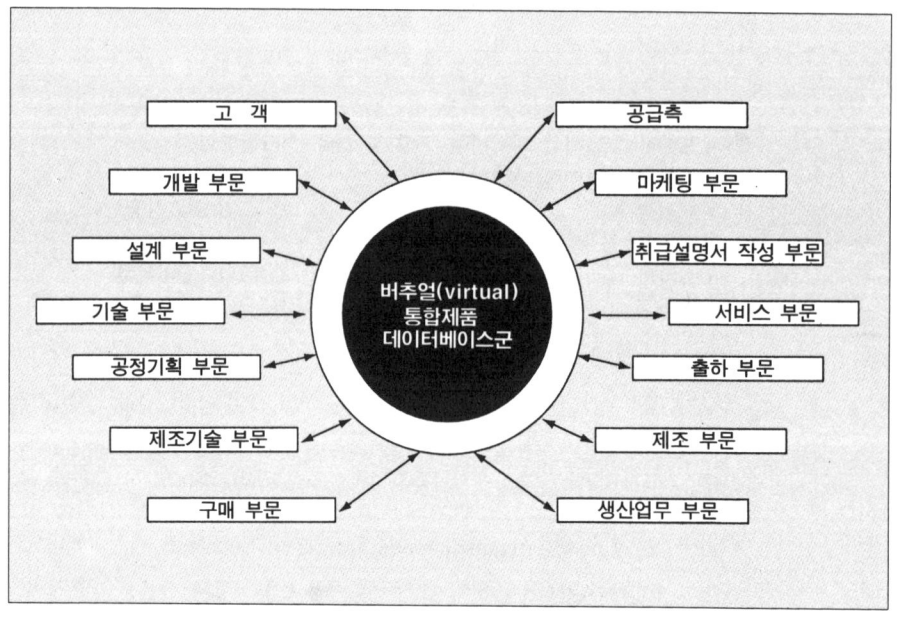

그림 1.3 기업통합(EI)

이와 같은 컨셉에 따라 구축 정비된 환경을 기반으로 하는 21세기를 향한 미국제
조업의 비전으로서, 각 기업이 정보를 중심으로 통합·형성하는 기업통합(EI :
Enterprise Integration)에 의한 가상기업(VE : Virtual Enterprise)이 제시되고 있
다(**그림 1.3, 그림 1.4**).

기업통합은 단순히 각 기업간의 정보의 공유 및 교환을 실시하는 것만이 아니라,
제품의 품질, 신뢰성, 내구성 등의 향상을 도모하고, 또한 프로세스의 개선에 의한
개발기간의 단축, 코스트 삭감 등의 효과를 가져옴과 동시에 고객의 요구에 대응한
고도의 커스터마이즈(Custormize)화 및 민첩하고 신속한 제조를 실시하여 생산력 및
경쟁력의 강화를 목표로 한다. 이상과 같은 정보·통신 기술을 기반으로 즉응성이 풍
부한 21세기 기업형태를 리하이대학의 아이아코카연구소가 다음와 같이 제시하였다.

「즉응성이 풍부한 기업체제는 전체적으로 통합된 조직이며, 조직내에서의 정보 흐
름은 제조·기술·시장조사·조사·재무관리·재고관리·판매 등이 효율적으로 연결
되어, 작업이 순차적으로 처리되는 것이 아니라, 병렬적으로 처리되는 것이다.」

이와 같은 활동을 실시하는 기업은 개개의 회사조직의 벽을 초월하여 공생을 위한
환경의 구축 정비를 지향한다. 이것은 21세기로 향한 미국 제조업계의 생산력 강화를
위한 전략적 사업협력체제 정비(Strategic Partnership Initiative)의 기반이 되는 것
이다.

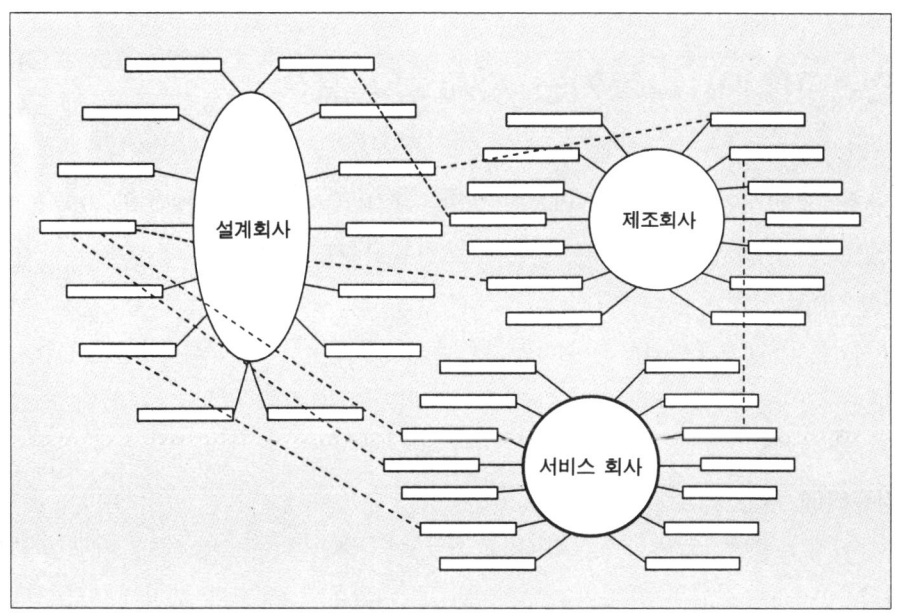

그림 1.4 가상기업 (VE)

민간기업은 오해하고 있다

　CALS 프로그램은 당초, DoD(Department of Defense : 미국방성)가 조달하는 병기시스템의 품질향상, 코스트 삭감에서 출발한 것으로 병기시스템에 관련된 기술정보의 작성, 배포, 관리를 종래의 종이에 의한 정보에서 디지털화된 정보로 이행하는 수법으로서 이용된 것이다. 현재는 DoC(Department of Commerce : 미국 상무성)를 시작으로 여러 부처에서도 이용이 검토되고 있다. 또한, 민간에서도 정부와 거래 관계에 있는 모든 대기업 및 중소기업은 21세기 초반까지 CALS 프로그램에 따를 것이 의무화되었다.

　이상과 같이 CALS는 군에서 민간으로의 이전을 목적으로 하는 테크놀로지 컨셉이다. 미국에서는 정부 주도로 개발된 기술성과를 민간에서 사용하는 경우가 많고, 표준화에 관해서도 군표준으로 개발된 기술규격이 정부표준으로 되며, 이어서 산업표준으로 되는 흐름이 일반적이다.

　군 중심으로 개발 추진되어 온 CALS 프로그램은 일반 민간기업의 관점에서 볼 때, 군용시스템에 관련된 것으로 일반 민간기업과는 관계없는 것으로 오해할 수 있을 것이다. 그러나 현재는 CALS 프로그램이 미국 제조업의 생산력 강화를 주요 전략으로 추진하고 있다.

민간기업이 획득하는 CALS의 효과

　DoD(미국방성)의 조달시스템에서 시작된 CALS 프로그램은 현재 미국내는 물론, EU·호주·대만·한국 등의 환태평양 지역 국가 등, 여러 국가에서 적극적으로 도입이 추진되고 있으며, 21세기를 향한 고도정보화 사회에서의 산업경쟁력 강화 및 경제성장의 기반이 되고 있다.

　CALS 프로그램은 「데이터는 한 번 작성되어, 여러 번 사용된다(Create Data Once, Use Many Times)」를 기본개념으로 하여 다음 세 가지의 요소로 추진되고 있다.

(1) 컴퓨터에 관한 정보기반의 정비

　다운사이징, 멀티미디어, 오픈화 등에 의하여 개인 및 중소기업이 이용 가능한 정보기반이 정비·구축됨과 함께, 관공청 및 대기업 등의 대규모 조직에서의 정보 인프라의 확충과 고기능화을 추진한다.

(2) 각종 데이터의 디지털화에 의한 정보 공유 및 교환

이 기종 컴퓨터 시스템 간에 각종 정보의 공유 및 교환이 가능하도록 규격과 시방을 개발·정비한다.

(3) 제품 라이프사이클을 통한 프로세스의 효율화 추진

정보 인프라의 정비는 제품 라이프사이클을 통한 업무 프로세스의 개선 및 리엔지니어링을 통한 정보 인프라의 고도화를 촉진한다. 또한, 프로세스의 효율화는 정보품질의 향상, 조달·지원 코스트의 삭감, 자동 프로세스의 촉진, 조직 간의 대응성 개선 등을 더욱 추진한다.

CALS 프로그램의 적용에 의하여 다음의 세 가지 면에서의 효과를 기대할 수 있다.

① CALS의 도입은 먼저 운용보수·지원 서비스 단계에서부터 시작된다. 상류공정에서 작성된 데이터에, 이 운용보수·지원 서비스 요구를 기반으로 한 고객 요구 시방의 정의로부터 시작된다.

고객의 요구를 충족시키기 위하여 운용보수·지원 서비스 활동과 설계·생산활동과의 긴밀한 인터페이스를 필요로 한다. 현재의 종이 및 자동화의 고립화 (Island of Automation)는 이러한 밀접한 인터페이스를 저해하고 있다. 각 공정에서의 자동화에 힘입어 종래의 종이에 의한 정보지원이 없어지며, 각 공정 간의 디지털화된 데이터의 교환 및 공유는 제품의 라이프사이클 전반에 걸쳐서 병렬·협조작업을 촉진하며, 컨커런트 엔지니어링(CE : Concurrent Engineering) 및 민첩 생산(Agile Manufacturing)의 확립으로 진행된다.

② 비즈니스 프로세스 리엔지니어링(BPR : Business Process Reengineering)에서의 프로세스의 재확립은 기업활동 전체 및 기존의 업무, 공정, 조직에 구애되지 않는 새로운 「구조」로서 모델화된다.

③ 리엔지니어링된 프로세스가 최적으로 실현되면 외부의 경영자원과 함께 유기적으로 경영활동에 반영되어 가상기업(VE)의 실현도 가능하다.

이와 같이 기존의 기업 조직 간의 장벽도 낮아지게 되고, 투명성이 증가됨에 따라 EC(Electronic Commerce : 전자상거래)가 국제적으로 전개될 것으로 예상된다(**그림 1.5**).

CALS 프로그램의 적용에 의한 효과는 전술한 바와 같이 「품질향상」, 「코스트 절감」 그리고 「시간단축」이다. 제품 라이프사이클의 각 공정에서의 예상 효과를 **표 1.2**에 나타냈다.

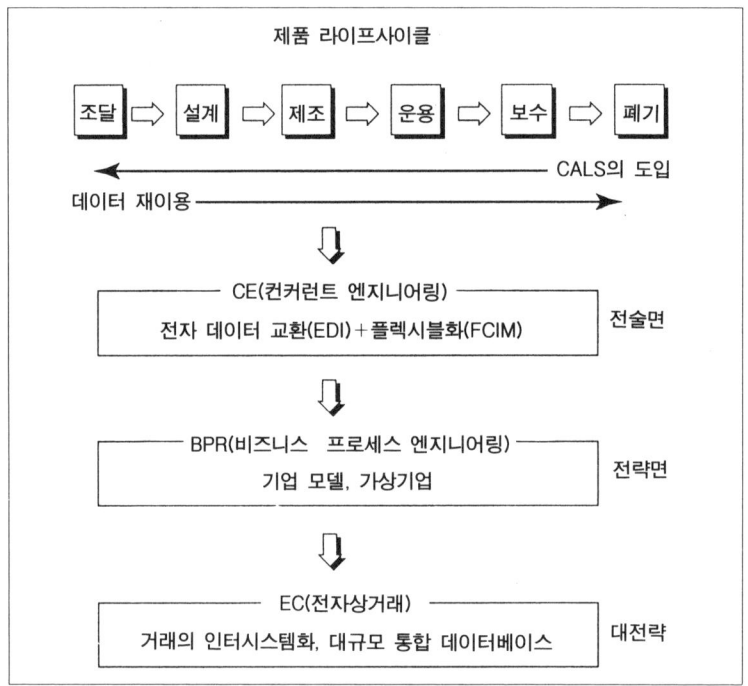

그림 1.5 CALS 도입에 의한 비즈니스 변화

표 1.2 CALS의 예상 효과

공 정	효 과
설 계	• 신규개발의 설계시간이 50% 단축 • 사양 변경의 처리시간이 30~50% 단축 • 개념 설계의 코스트가 15~40% 절감
조 달	• 데이타 전달 에러가 98% 삭감 • 검색시간이 40% 삭감 • 조달 전반에 걸친 시간이 30~70% 삭감
제 조	• 생산성 향상에 의해 품질이 80% 개선 • 품질보증에 소요되는 시간이 85% 삭감 • 재고가 30~70% 삭감
라이프사이클 지원	• 문서 관리에 소요되는 시간이 30~50% 단축 • 훈련시간이 70~80% 단축

(출전) CALS/CE-ISG 리포트 (1989년)

CALS로 성공한 기업(BPR 사례)

여기서, CALS에 의해 대폭적인 업무 개선을 성취한 사례를 예를 든다. 지금까지의 CALS EXPO에서는 DoD(미국방성), 또는 국방에 관련된 기업의 성공 사례가 몇 가지 보고되었지만, 여기에서는 보잉(사)의 민간 프로젝트를 예로 제시한다.

보잉(사)는 항공기 중 점보라는 애칭으로 친숙한 B747을 개발, 제조하는 항공기 메이커로 민간 항공기 메이커 중에서도 압도적으로 강세를 보이고 있다. 이러한 보잉(사)라 하더라도 최근에는 신기종 개발에 있어서 막대한 개발 비용에 따르는 리스크(risk) 분산 및 개발기간 단축을 위하여 다른 항공기 메이커와의 협동개발을 추구하고 있다.

1990년에 개발에 착수한 B777은 경쟁업체인 MD-11(더글라스(사)), A330/A340(에어버스(사))와의 경쟁에서 이기기 위하여 일본의 항공기 메이커(가와사키중공업, 후지중공업, 미쯔비시중공업 등)와 공동으로 개발을 실시하였다. 일본의 항공기 메이커가 담당하여 개발한 생산부위는 **그림 1.6**과 같다. 이때 보잉(사)가 세운 개발목표는 「고객만족도(CS : Customer Satisfaction)의 추구」이다. 그리고, 고객만족도를 향상시키기 위하여 취해진 방법이 명확하게 CALS라는 용어를 사용하지는 않았지만, 항공기업계에서 빈번히 거론된 CALS라는 방법으로서 나중는 명확해졌다.

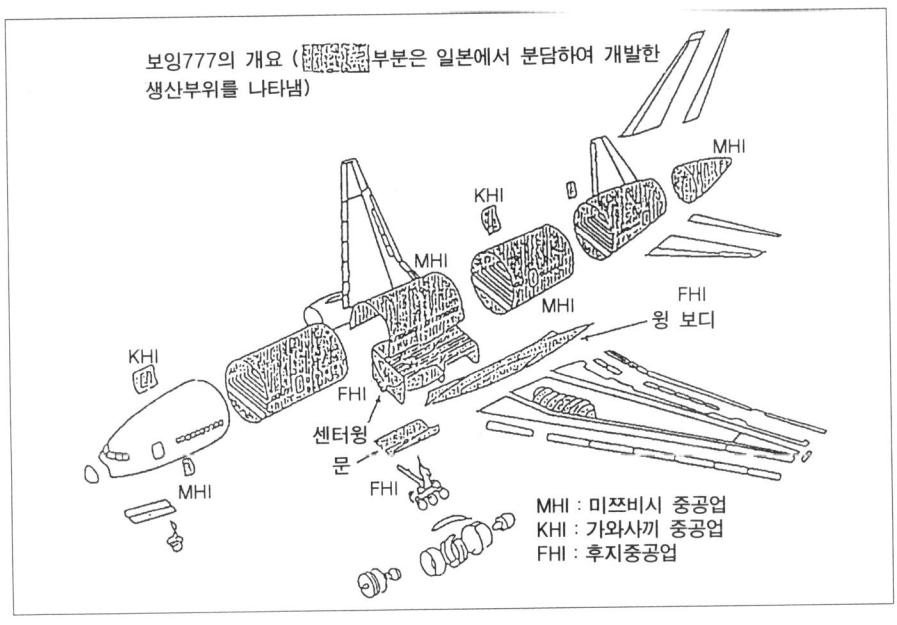

그림 1.6 일본 항공기 메이커가 분담하여 개발한 생산부위

미국과 일본 양측의 지리적으로 분산된 설계·제조자가 설계에서 제조까지, 그리고 메인터넌스 메뉴얼(정비 설명서)의 작성까지 컴퓨터를 사용하여 일원화된 전자적인 정보를 기초로 하여 수행하고자 하는 것이 기본적인 개념이 되었다. 소위, CALS의 기본 개념인 「데이터는 한 번 작성되어, 여러 번 사용된다」라는 개념을 사용한 것이다. 설계, 제조활동을 지원하는 시스템의 핵심으로서 CATIA(Computer graphics Aided Three-dimensional Interactive Application)라고 하는 3차원 CAD 시스템이 사용되었다. CATIA는 원래 프랑스의 항공기 메이커인 닷소 시스템(Dassault System)사가 자사용으로 개발한 3차원 CAD 시스템이지만, 현재에는 보잉(사)를 비롯한, 많은 항공기 메이커가 사용하고 있으며, 항공기 메이커업계에서는 사실상의 표준 시스템으로 되어 있다.

보잉(사) 내의 이용 노하우 축적 및 실질적인 세계 표준 시스템이라는 면에서 CATIA가 선택되었다. CATIA에는 다른 CAD 시스템 간에서의 데이터 교환의 표준인 IGES(Initial Graphics Exchange Specification)의 인터페이스를 구비하고 있으므로 CALS에 근거한다고 할 수 있지만, 보잉(사)와 일본 항공기 메이커 사이에서는 CATIA의 데이터 형식으로 교환이 수행되었다.

항공회사에 제공하는 메인터넌스 메뉴얼은 SGML(Standard Generalized Markup Language)로 기술되어, CD-ROM과 자기 테이프로 배포된다. 이것을 받은 각 항공회사사는 그 형태 그대로 사용하기도 하고, 자사의 컴퓨터에 다운로드하여 자사용으로 추가하거나 편집하여 이용한다.

그런데 항공기 메이커에서의 고객은 항공기를 구입하여 운행하는 JAL, ANA 등의 항공회사이다. B777의 개발에 있어서 보잉사는 항공회사의 만족도가 어떠한가라는 분석부터 시작하였다.

먼저, 첫번째로는 항공기의 가격이 저가일수록 좋다는 것이다. 저가격을 실현하기 위해서는 저코스트가 필수적이다. 코스트를 구성하는 요인은 여러가지이지만, 보잉사에서는 과거 개발사례의 분석에서 설계 변경, 설계 미스, 이에 따른 수정작업에 많은 코스트가 소요된 것에 착안하였다. **그림 1.7**에 코스트를 구성하는 요인을 항공기 제조대수와의 관계로 나타낸다.

B777의 개발에는 이와 같은 설계 변경 및 설계 미스에 의한 「불필요한 코스트」의 50% 절감을 목표로 하여, 이것을 달성하기 위한 「프리퍼드 프로세스(Preferred Process)」라고 하는 새로운 개발설계 프로세스를 실시하였다. 이 프리퍼드 프로세스는 다음과 같은 수법으로 구성되었다.

- DBT(Design-Build Team)
- CPD(Concurrent Product Definition)
- DPD(Digital Product Definition)
- DPA(Digital Pre-Assembly)
- HVC(Hardware Variability Control)

다음에 이것들은 하나씩 살펴보면, 이 활동들이 CALS의 개념과 많이 유사하다는 것을 알 수 있다.

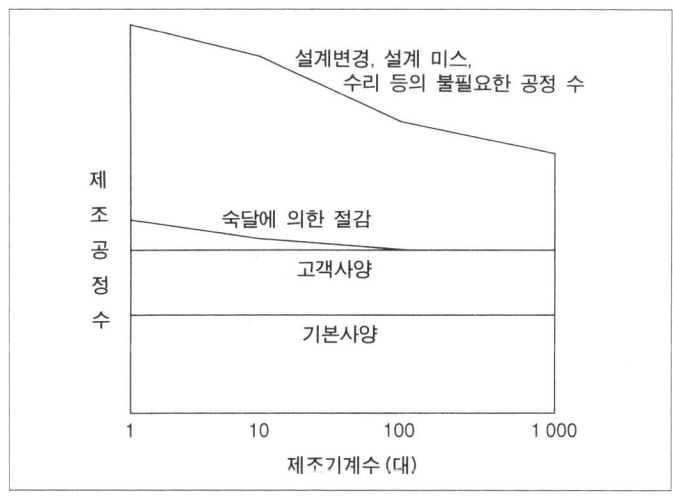

그림 1.7 민간항공기의 제조비용

① DBT(Design-Build Team)

이것은 직역하면 「설계·제조팀」이다. 지금까지의 수직분업 조직에 의한 폐해(커뮤니케이션 부족에 의한 미스, 상호협력 부족, 공정지연 등)를 배제하고 「불필요한 코스트」의 원인을 제거하기 위하여 설계(구조, 장비, 해석), 공작, 자재, 품질보증, 서비스 등의 관계자를 같은 층에 배치하였다. 그리고, 단지 배치만 하는 것이 아니고, 설계의 각 단계마다 통합설계 리뷰(Integrated Design Reviews)를 실시하여, 여기에 각 부문의 참가를 의무화하였으며, 이 곳에서 철저히 의논하고, 합의가 도출된 후에 다음 스텝으로 진행하도록 하였다. 이 제도에 의하여 제작이 용이하며 코스트가 저렴하고 미스가 적은 설계가 가능하게 되었다고 보잉사는 말하고 있다.

그림 1.8에 B777 개발의 업무 흐름을 나타낸다. 이 그림에서 알 수 있듯이 DBT가 개발·제조의 중핵적인 역활을 수행하였다.

② CPD(Concurrent Product Definition)

이것을 직역하면 「동시 진행에 의한 제품의 명확화」이다. 컨커런트 엔지니어링 이라고 하는 방법으로 형상 설계, 강도 해석, 장비 설계, 가공계획, 치공구 설계 등을 동시에 수행하는 것을 말한다. 종래에 형상 설계가 완성된 후에 도면을 작성하고, 그 도면을 기초로 강도 해석을 실시한 후 장비설계 부문에 도면이 전달되는 과정으로 작업이 순차적으로 진행된다.

이러한 과정에서는 어느 한 부문에서 오류가 발생되면 처음부터 다시 시작하여야 하므로 작업이 많아지게 된다. 작업이 동시에 수행되면 프로우 타임(flow time)이 단축되며, 코스트가 절감됨과 동시에 기록상의 미스 및 연락 미스 등이 발생할 여지가 적어지게 된다. 이와 같은 동시진행의 설계는 전술한 3차원 CAD 시스템 CATIA가 있었기에 가능하게 된 것이다.

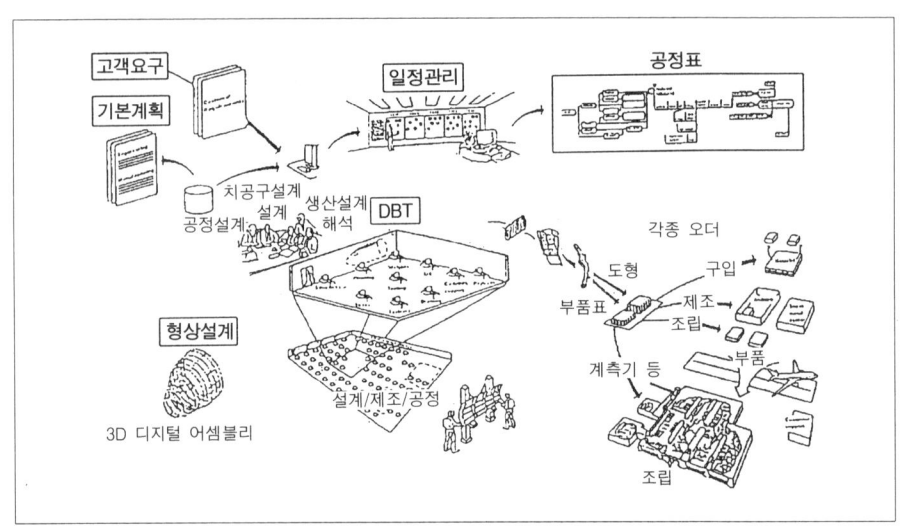

그림 1.8   B777 개발의 업무 프로우

③ DPD(Digital Product Definition)

CPD와도 관련된 것으로 CATIA를 사용하여 정확한 부품의 정의를 실시하는 것을 말한다. 지금까지 보잉사는 부품을 반드시 2차원 종이 도면으로 정의하였다. 1981년에 보잉사가 B767을 개발하였을 때에는 총설계도면 수가 35,000매로 증가하였다.

B777에서는 이것을 CATIA를 사용하여 100% CAD화, 페이퍼리스화하여 설계측이 생산측에서 직접 사용할 수 있는 데이터를 제공하도록 하였다. 또한, 이

CATIA 데이터는 강도해석과 중량계산 등에도 직접 사용되어 오류가 발생되지 않게 되었다.

④ DPA(Digital Pre-Assembly)

CATIA를 베이스로 한 수법으로 CATIA 데이터만을 사용하여 부품 간의 적합성 및 간섭을 체크하는 것을 말한다. 지금까지는 조립의 검증을 위한 모크업(Moke-Up) 제작에 많은 시간과 비용이 소요되었지만, 모크업 제작을 CATIA를 사용한 DPA로 전환하여 프로우 타임, 코스트, 그리고 신뢰성 면에서 많은 효과를 내었다.

⑤ HVC(Hardware Variability Control)

부품가공·서브조립의 불균일에 의하여 발생되는 최종 조립 라인에서의 주요부위 결합시의 트러블, 조립 공정 수의 증대를 방지하여 토털 코스트 다운을 목표로 하는 것이다. 지금까지는 개개 부품의 공차를 엄격하게 통제하여 불균일을 억제하였지만, HVC에서는 핵심이 되는 부품을 특정화하여 이것에 대한 제조, 치공구계획에서부터 특별히 배려하여 최종 조립시의 불균일을 컨트롤하는 것이다.

상기의 프리퍼드 프로세스의 각 방법과 병행해서「고객 만족도의 추구」를 달성하기 위하여 보잉사가 추구한 방법으로「워킹 투게더(Working Together)」가 있다.

Working Together라는 것은 개발 작업 전체를 원활·확실 그리고 신속하게 진행하기 위한 작전으로 프리퍼드 프로세스 중의 DBT(Design Build Team) 등은 Working Together의 구상 그 자체라고 말할 수 있다. B777의 개발에서의 Working Together는 보잉사내의 조직화에만 한정하지 않고, 고객인 항공회사도 포함한 활동이다. 여기에는 다음과 같은 활동이 실시되었다.

- 항공회사와 보잉사와의 최고 의사결정 기관으로서의 스티어링 커미티(Streering Commity)
- 항공회사와 보잉사 쌍방의 담당부장 레벨의 정례회의로서의 스테이터스 리뷰 미팅(Status Review Meeting)
- 보잉사 내의 DBT 회의에 항공회사의 참가
- 보잉사 내에서의 개별 전문회의에 항공회사의 참가
- 빅 에이트(Big 8)라고 하는 항공회사의 파일롯트, 캐빈 어텐던트, 엔지니어를 소집하여 개최하는 전문가회의에 참가
- 안전성, 조작성, 정비성 또는 항공회사로부터의 요구가 반영되는 것을 확인하기 위한 벨러데이션 프로그램(Validation Program)에 참가

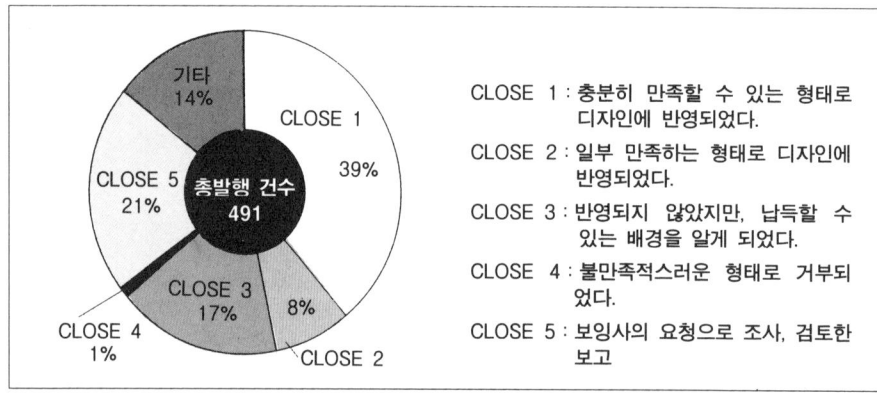

CLOSE 1 : 충분히 만족할 수 있는 형태로 디자인에 반영되었다.

CLOSE 2 : 일부 만족하는 형태로 디자인에 반영되었다.

CLOSE 3 : 반영되지 않았지만, 납득할 수 있는 배경을 알게 되었다.

CLOSE 4 : 불만족적스러운 형태로 거부되었다.

CLOSE 5 : 보잉사의 요청으로 조사, 검토한 보고

그림 1.9 DIC의 처치결과(국내 모 기업분)

- DIC(Development Issues Control)라고 하는 서류에 의한 항공회사와 보잉(사) 간에서의 제안, 요구, 질문, 회답의 교환

그림 1.9에 일본의 모 기업이 발행한 DIC의 처리상황을 나타낸다.

이 Working Together 수법은 CALS가 목표로 하는 발주자측과 납입자측의 제품 정보의 공유를 제품 개발의 단계에서부터 고려한 것이라고 할 수 있다.

B777의 개발에서의 프리퍼어드 프로세스 및 Working Together의 활동은 프로우 타임의 단축, 코스트의 절감, 그리고 동시에 제품의 신뢰성 획득에 효과가 있다고 보잉사에서 매우 높게 평가하였다. 보잉사에는 B777의 후속으로 B737-X의 개발이 시작되고 있다. B737-X의 개발에는 기본적으로는 B777의 방법을 답습하고 있지만, 이 외에도 다음과 같은 새로운 방법에 추가되었다.

- IPT(Integrated Product Team)
- ETM(Effectivity Tabulation System)
- DAP(Digital Assembly Plan)
- DTD(Digital Tool Definition)

예를 들면 IPT는 B777의 DBT를 발전시킨 것으로 DBT에서는 설계측과 제조측이 같은 장소에서 작업하여 정보교환, 요구사항 전달, 일정확인 등을 실시하지만, 각 멤버는 각자의 상사에게 보고할 의무가 있어, DBT의 리더 입장에서 보면 컨트롤에 한계가 있었다.

이것에 대하여 IPT에서는 프로덕트 매니저라고 하는 리더 이하 각 부문에서 요원을 모아 스케줄을 포함한 제품 개발 전체의 책임을 집중시킨 것이다.

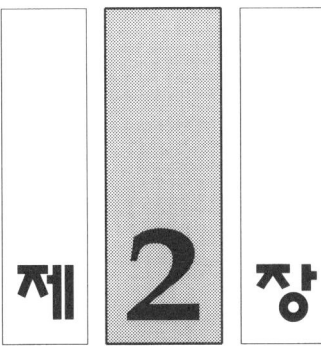

제 **2** 장

CALS의 철저한 이해

이 장에서는

CALS란 무엇인가에 대한 이해를

위하여 미국 정부의 제조업에 대한

정책을 소개하며, 그 정책 중에서

CALS의 의미 부여와

현재 미국에서 실시되고 있는

BPR, NII 및 ISO 9000과의

관계 및 종래의 SIS와의 차이점을

소개한다.

미국 정부의 정책

미국 정부는 정부의 중요 정책인 경제성장, 국가안전, 환경보호 및 국가의 복리에 새로운 길을 개척하고자 한다. 그 중 대표적인 것으로 미국 정부가 추진하는 NII (National Information Infrastructure : 전미정보기반) 및 미국방성(DoD : Department of Defense)이 중심이 되어 추진하는 것이 CALS이다. CALS는 DoD를 중심으로 했던 산업계를 대상으로 하고 있지만, NII는 국민 복지를 위한 교육, 의료, 환경보호, 생활의 질적향상(제조업 강화) 및 행정을 대상으로 한다. 그러는 한편, NII 의 생산강화 분야에서는 CALS와의 양용기술의 개발을 강조하고 있다.

CALS는 DoD를 중심으로 한 군과 정부의 리스트럭쳐(Restructure), 그리고 산업 경쟁력 향상을 목적으로 한 산업계 리스트럭쳐를 위하여 민관일체가 되어 추진하는 전략적 어프로치이다. 또한, CALS는 각각의 목표를 실현하기 위하여 공통의 개념, 기술 및 표준을 사용하고 있다.

본 장에서는 **그림 2.1**에 나타낸 바와 같이 CALS 추진과 관련이 있는 정부기관의 정책에 대하여 소개한다.

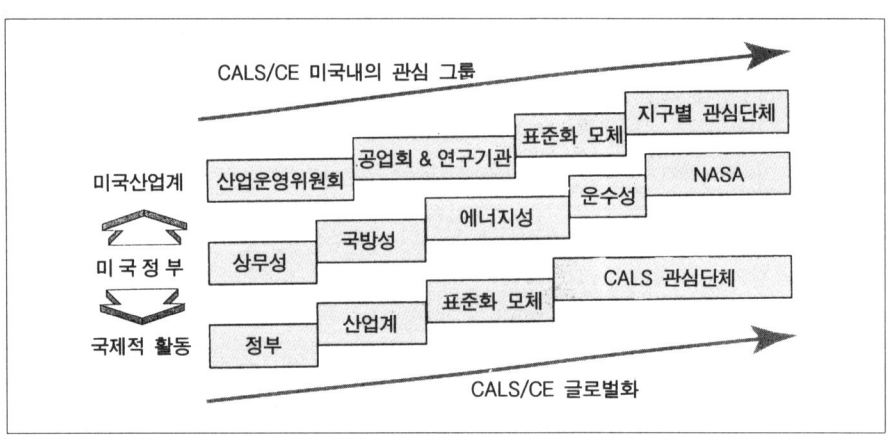

그림 2.1 CALS 네트워크 (조직)

(1) 미국방성(DoD)의 시책

DoD를 중심으로 한 CALS는 1984년 로지스틱스 개혁에서 출발하였다. 그러나 소련의 붕괴와 함께 냉전이 종결된 현재는 국방의 축소와 함께 군을 중심으로 한 리스트럭처가 추진되고 있다. 그 목적은 군의 즉시성(Military Readiness) 및 전력의 계획성(Force Projection)의 개선이며, 특히 로지스틱스와 연대하는 조달시스템의 개혁에 특징이 있다.

병기시스템의 기술이 급속하게 발달하고 있으며, 이에 따라 급증하는 데이터 및 이들 데이터를 처리하기 위한 조직에 따른 자동화의 고립화 및 종이에 의한 관리의 비효율성은, 병기시스템의 안전성·신뢰성에 큰 영향을 주고 있다. DoD에서는 이와 같은 병기시스템의 개선에 표준화 및 정보 통합화 기술을 이용하여 정보와 프로세스의 통합을 제품 라이프사이클에 걸쳐서 실현하기 위해, 종래의 작업방법을 백지화하고, 근본적인 개혁을 추진한 것이다.

종이 중심으로 유지 관리되어 온 병기시스템은 정보를 완전히 전자화하여 조달자와 공급자가 공유 가능한 표준화 시스템을 실현한다.

이러한 표준화 시스템을 중심으로 미국방성과 방위산업이 일체가 되어 데이터 공유 체제를 구축하는 것이 DoD를 중심으로 하는 CALS이다.

이와 같은 리스트럭처의 도전 특징은 다음과 같다.

① 비즈니스 프로세스 및 기업문화의 개혁
② 정보교환과 통합화 기술의 개혁
③ 정보교환을 가능하게 하는 인프라 스트럭처의 정비

(2) 상무성(DoC)과 표준국(NIST)

1993년에 미국 상무성(DOC : Department of Commerce)은 미국방성(DoD)을 중심으로 추진한 CALS를 민간기업의 경쟁력 강화책으로서 전면적으로 추진할 것을 결정하였다.

이 결정에 따라 민간기업을 주체로 하는 CALS의 추진 모체인 CALS ISG(CALS Industrial Steering Group : CALS 산업운영단체)가 설립되었다. 민간 주도의 CALS 비전은 21세기 제조업의 산업 패러다임이 되는 『가상기업(VE : Virtual Enterprise)』을 실현하는 것이다.

가상기업은 다음과 같은 관점에서 필요하게 된다.

CALS 도입의 목적은 CALS를 통해서 미국의 산업 경쟁력을 향상시키는 것이다. 경쟁력을 향상시키기 위해서는 기본적인 조건이 준비되어야 한다. 그 조건은 중소기업이 각자의 독창성을 발휘하여 다른 중소기업과 협력하여 가상기업 또는 민첩기업(Agile Enterprise)이라고 하는 패러다임을 형성하고, 이것을 통하여 혁신적인 제품을 생산하는 것이다.

이 개념은 이미 미국내의 연구소, 대학 및 기업이 개발한 새로운 제품을 해외에서 생산하여 그 나라의 고용기회를 확대시켰다는 사실에 배경을 두고 있다. 산업경쟁력 강화법으로 CALS를 추진하게 된 배경에는 개개의 중소기업이 우수한 아이디어를 보유하고 있어도 그 아이디어에 관심을 가진 기업을 모아 상호협력하여 제품화하는 것이 매우 어렵다는 사실에 기인한다고 미국 정부에서는 분석하고 있다.

기업 규모의 크기, 거리, 역사적인 경위에 의존하지 않고 정보기술을 이용하여 미국 산업계의 경쟁력을 향상시키기 위해서는 가상기업을 신속하게 형성하는 추진력이 필요하다고 생각하고 있다. 이것이 민간주도의 CALS의 비전이라고 할 수 있다.

그리고 DoC 산하의 미국 표준국(NIST : National Institute of Standards and Technology)을 중심으로 추진하는 NII에서의 산업 강화책(NIST 프로그램)은 미국의 국내 산업을 대상으로 다음과 같은 계획으로 되어 있다.

① **전략적 어프로치**

가상 제조기업(Virtual Manufacturing Enterprise)의 구상(**그림** 2.2)에 따른 실증모델(프로토타입)의 구축과 생산용 소프트웨어의 부품화 및 통합화 실현

② **NII의 생산강화 시책**

- 제품의 설계와 제조관련 지식을 효율적으로 공유 가능할 것(예 : 컨커런트 엔지니어링(CE : Concurrent Engineering))
- 신제품 생산을 위한 파트너의 형성(예 : 민첩 생산(Agile Manufacturing))
- 생산시스템의 툴은 "브로커"를 이용하여 액세스 가능할 것
- 정보의 유니버설 액세스가 가능할 것(분야로서 생산정보, 교육정보 및 훈련정보 등)
- 중소기업과 금융기관의 링크가 가능할 것
- 제품 결함 기록 베이스에 액션이 가능할 것
- 정보의 가공·분석·전달에 관한 새로운 비즈니스 기회를 창출할 것(고용창출)

③ **미국 표준국(NIST)의 역할**

생산시스템 통합 국가적 추진역으로서 미국 표준국(NIST)의 역할은 다음과 같다.

- HPCC(High Performance Computing and Communication : 고성능 컴퓨팅·통신)를 이용한 생산시스템의 표준화 및 방법론 개발
- 적합성 테스트 방법 및 서비스의 작성
- HPCC 기술의 데먼스트레이션과 전수

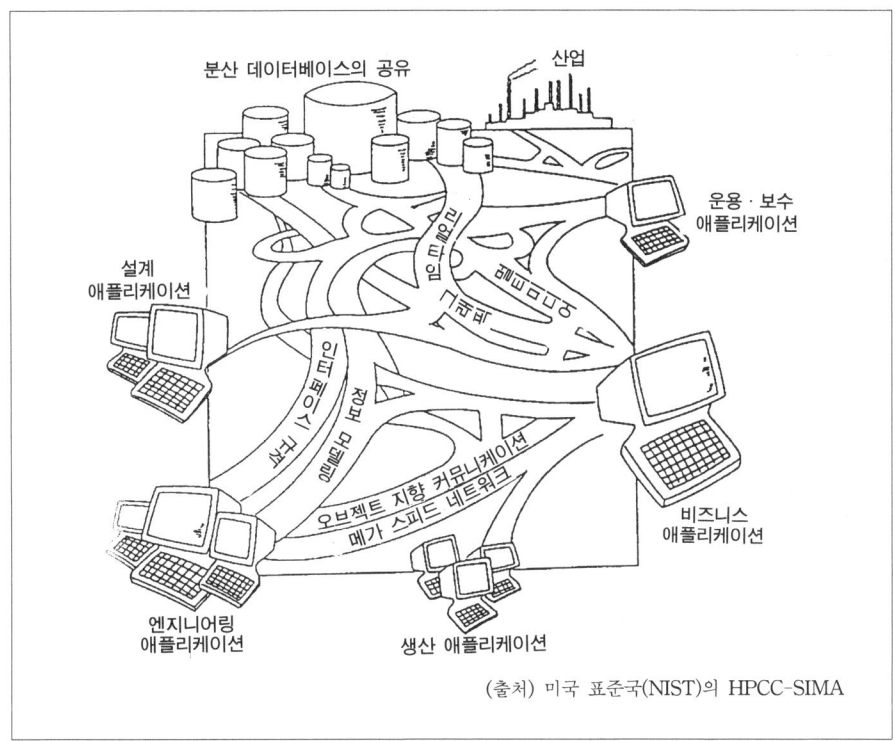

그림 2.2 가상 제조기업체의 비전

- 표준화 기능의 관리
- 프로토타입 표준의 개발
- HPCC를 이용한 생산시스템의 애플리케이션 개발의 코디네이션
- 국내 및 국제 표준화에 노력
- 품질의 기술적인 결정에 필요한 신뢰성이 있는 데이터의 제공

그리고, DoC는 정보 공개 문제, 제품 모델의 표준화 및 STEP(Standard for the Exchange of Product Model Data : 제품 모델 데이터 교환기술) 촉진을 수행한다.

(3) 에너지성(DoE)

미국 정부의 제조기술에 관한 대응은 21세기로 향한 제조업의 복권을 추구한 것으로, 국가의 중요 자산으로서 의미가 부여된 점에 주목하여야 한다.

CALS의 기술은 데이터의 자산화와 재이용을 특징으로 한다. 과거에 개발된 기술은 시대와 함께 소멸되며, 그 기술이 축적되지 않고 일회성으로 사용되고 있다는 사실이 지적되고 있다.

제조기술이 국가의 귀중한 자산이라고 인식하여, 선진 정보기술을 이용한 기술의 축적과 재이용에 중점을 두고 있다.

에너지성(DoE : Department of Energy)도 이와 같이 과학기술 정보의 관리에 중점을 두고 있다. DoE의 역할은 에너지의 이용, 에너지원의 다양성, 생산성이 높고 경쟁력 있는 개선된 환경품질, 국가 안전 등, 이러한 분야에서의 효율을 향상시키고, 과학적 기반, 기술, 정책 및 제도상의 지도력을 발휘하여 국가의 복지에 공헌하는 것이다.

에너지성에서는 국가안전, 경제성장, 환경보호에 관한 과학기술 정보관리 프로그램을 종래의 종이 중심의 관리에서 전자화로 방향을 설정하였다. 도큐먼트의 라이프사이클에 걸쳐, 전자적으로 관리하는 수단으로 SGML(Standard Generalized Markup Language : 표준 마크업 언어)을 사용할 것이 1991년 8월에 결정되었고, 21세기까지는 SGML에 대한 다큐멘트 교환을 가능하게 한다는 방침을 수립하였다.

이 외에도 운수성(DoT : Department of Transportaion)은 클린카(Clean Car)를 위한 폐기가스 규제(J2008법)로서 정비 메뉴얼의 전자화를 의무화하고 있다.

(4) EC/EDI의 의무 부여

백악관에서는 정부 거래상의 EC(Electronic Commerce : 전자상거래)의 일환으로 EDI(Electronic Data Interchange : 전자 데이터 교환)의 의무화를 1997년부터 완전히 실시한다라는 방침을 수립하였다. 그리고 그 일부는 이미 1995년부터 실시되고 있다.

이 의무화는 미국내뿐만 아니라 전세계에 영향은 주는 것이다. 일본기업으로서는 EDI(전자 데이터 교환) 및 미국방성(DoD)의 제 2 페이즈에서의 STEP 베이스 기술 정보 공유화는 국제 입찰의 조건이 되는 관계로 중요한 과제로 되고 있다.

(5) CALS의 국제화

미국을 중심으로 한 세계 방위협정국에서는 DoD를 중심으로 CALS의 실시에 관한 합의가 도출되었고, 미군이 주둔하는 국가 중에서 267개 지역이 대상이 되었다. 또한, 병기의 조달에서는 전세계 민간기업의 약 33만 사가 관계하고 있으므로, 이런 의미에서도 CALS의 실시는 각국 정부 및 산업계에 미치는 영향은 매우 크다. 그리고 21세기의 경제 전쟁 속에서 생존하기 위한 전략으로서도 CALS의 개념이 유익하며, 각국에서도 관민일체로 대응하고 있다(상세한 내용은 제 7 장을 참조).

CALS의 네 가지 본질

CALS의 본질은 CALS를 구성하는 다음의 네가지 기본 개념 및 기술로 설명할 수 있다.

① 디지털화

CALS에서 모든 데이터는 디지털로 전자화하는 것이 기본이다. 대상이 되는 데이터는 문자 등의 텍스트뿐만 아니라 그림이나 이미지 등을 모두 포함한다. 디지털화에 의하여 데이터 작성은 1회로 완료되고, 후 공정에서는 일부분 수정만으로 가능하게 된다. 또한, 종래의 종이 중심에서 탈피하여 보관 작업의 간이화 및 스페이스의 효율화가 도모된다. 더욱이 향후 전개되는 전자 미디어의 수용 및 멀티미디어의 처리가 용이하게 실현될 수 있다.

② 데이터의 통합과 공유화

현재 사용하고 있는 EDI, CAD 등의 전자 데이터는 시스템이나 기종에 따라서는 인터페이스 등의 규격이 통일되어 있지 않아 자유로운 교환이 불가능하여, 중개를 통해서만 교환 가능한 것도 있다. 이러한 상황이라면 전자화의 의미가 없다. 따라서 작성된 모든 디지털 데이터의 교환, 통신시의 형식과 프로토콜, 그리고 데이터의 처리방법과 같은 공통 인터페이스 규격의 표준화가 필요하다.

CALS가 추구하는 목표는 데이터를 필요로 하는 부문 산에서 자유롭게 교환, 축적하여 이용 가능한 데이터 공유체제를 구축하는 것이다. 이를 위하여 기업통합(EI : Enterprise Integration)의 개념을 이용하여 비즈니스 프로세스의 개선(BPR : Business Process Reengineering)을 실시하는 것이 중요하다.

③ 컨커런트 엔지니어링(CE)

컨커런트 엔지니어링(CE : Concurrent Engineering)은 국방 조사국(IDA : Institute for Defense Analysis)의 리포트(R-338)에서 「제품 및 제품에 관련된 제조와 서포트를 포함한 모든 공정에 대하여 통합화된 동시적 설계를 실시하기 위한 시스템적인 어프로치이다. 이 어프로치는 품질, 코스트, 스케줄, 유저의 요구를 포함하며, 개념설계에서 폐기까지의 제품 라이프사이클의 모든 요소를 개발자가 초기단계부터 고려하는 것이다」라고 정의하였다.

구체적으로 표현하면, 종래에는 각각의 프로세스를 순차적인 방법으로 처리하였던 것을 동시적·병행적으로 진행하여 공동 작업 및 공동 의사 결정을 수행하는 방법이다. 이 방법은 테크놀로지 개발, 기술 설계, 시작품 제작, 조달, 제품 서포트 등, 제품의 모든 라이프사이클에 걸쳐서 적용 가능한 통합화 프로세스이다.

그러나, 이 프로세스는 간단하게 도입되는 것은 아니다. 먼저 데이터를 디지털화하고, 통합하여 공유화하는 체제가 필요하다. 그리고, 종래의 업무처리 방법을 재고하여 이 프로세스에 적합하도록 처리방법을 변환해야 한다. 이것은 종래의 체제를 재정립하여 새로운 체제를 구축하는 BPR의 실현으로 연결된다.

④ **정보 인프라의 활용**

CALS의 실시에서는 작성된 데이터를 서비스로서 정확하게 적시에 제공하는 시스템이 요구된다. 이를 위해서 공간 및 시간에 제한받지 않는 유연성이 구비된 데이터 전송 통신 네트워크의 인프라를 구축한다. 이것에 의하여 데이터를 처리하는 정보 인프라도 정비되어, CALS로서의 인프라를 구축할 수 있다.

미국의 고어 부통령이 주창한 NII(National Information Infrastructure : 전미 정보기반) 및 G7 회의에서 화제가 되었던 세계 규모의 GII(Global Information Infrastructure : 전세계정보기반)의 구상은 세계 규모의 CALS를 실현하고, 세계 규모의 기업 통합을 위한 필수적인 인프라가 된다. 각 기업은 이 인프라에 관련된 설계자 및 기술자를 공유 자산으로서 활용할 수 있는 장점을 얻을 수 있다. 그러나 기업내 정보 유출이라는 단점도 있으므로 2가지의 상반된 개념을 유연하게 운영하면서 스스로의 변혁을 도모할 필요가 있다.

이상 4항목의 각 개념은 이미 실시되어 잘 알려진 것이지만, CALS의 패러다임에 포함되는 것은 민첩 생산(Agile Manufacturing), 린 생산(Lean Production)과 같은 종래의 패러다임과는 차별화가 가능하다. CALS의 패러다임을 교묘하게 리엔지니어링함으로써 변화를 성공적으로 유도할 수 있다.

또한, CALS는 엘빈 토플러가 말하는 Adaptive Corporation 또는 W. 데비드와 M. 마론이 제안하는 버츄얼 코퍼레이션(Virtual Cooperation)을 실현하는 수단으로서 고려되고 있다.

SIS와 CALS

SIS(Strategic Information System : 전략정보시스템)는 미국에서는 80년대 중반부터, 일본에서는 80년대 말부터 주목되어 유행되었다. 그 당시까지의 정보기술은 단지 수작업의 치환 또는 인간의 의사결정 등의 지원에만 이용되었지만, SIS는 정보기술을 전략적으로 이용하여 차별화에 의한 경쟁 우위의 시스템으로, 그 당시까지의 비

즈니스에서 정보기술 사용법의 패러다임을 전환시킬 것으로 기대되었다. 아메리카 에
어라인의 획기적인 예약 시스템 「SABER」 및 KAO, 일본정공, 세븐일레븐, 토스
템, 세콤 등이 SIS의 성공 사례로서 자주 소개되고 있다.

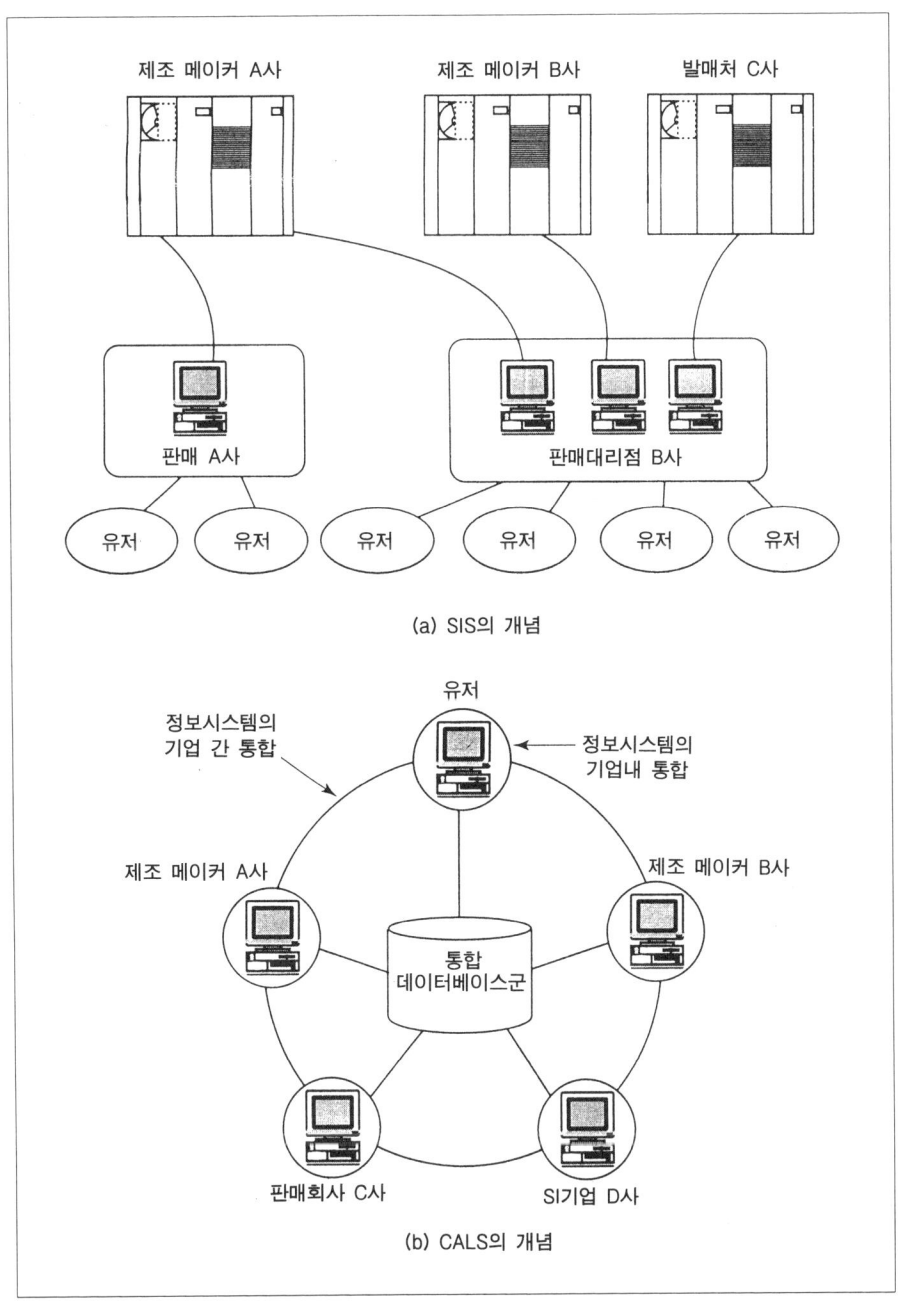

그림 2.3 SIS와 CALS의 비교

SIS는 제조 메이커, 부품 메이커, 판매회사 등의 계열기업화를 목적으로 「수직 통합시스템」으로 구축된 것이 특징이다. 따라서 다른 기업 그룹이 구축한 시스템과는 호환성이 결여되어, 그 전략성은 평가되었지만, 엔고 등 경제환경의 급격한 변화와 이에 따른 기업 전략의 변화에서 정보의 고립화, 종이의 남발, 유통단계에서의 다단말 설치현상 등의 문제가 대두되었다.

이러한 경제적 · 사회적 배경에서 미국을 중심으로 종래의 계열기업과 같은 특정 기업간의 관계가 아니라, 제품단위, 프로젝트 단위로 기업이 연대하는 수평 통합시스템이 강하게 요구되게 되었고, 이를 위한 개념, 기술 및 규격으로서 또는 툴로서 CALS가 전개되고 있는 것이다.

CALS 도입에 의하여 각종 정보는 표준화되며 그 관리도 하나의 데이터베이스로서 실행되기 때문에 정보의 신뢰성과 즉응성을 중심으로 그 이용효과가 비약적으로 향상된다. 그리고 이와같은 통합 데이터베이스를 구축하는 것에 의하여 각 비즈니스 프로세스를 담당하는 부문 및 기업이 원격지에 있어도 필요에 따라 자유롭게 정보를 교환하는 가상기업(VE)이 가능하게 되고, 「제품생산」의 개념도 크게 변화된다(**그림 2.3**).

▌▌ BPR과 CALS

BPR(Business Process Re-engineering) 즉 업무개혁을 실현하기 위해서는 기업 내는 물론 조직을 초월한 정보의 공유와 연대가 필요하다. 이러한 정보의 공유와 연대를 현실적으로 실현할 수 있는 것이 사회시스템의 디지털 혁명으로서 의미가 부여되고 있는 CALS이다.

CALS의 발상지인 DoD(미국방성)에서는 CALS를 실현하기 위한 꼭 필요한 요소로서 다음의 세 가지 CALS 아키텍처를 정의하고 있다.

① 인포메이션 아키텍처(Information Architecture)

② 컨트롤 아키텍처(Control Architecture)

③ 컴퓨터 아키텍처(Computer Architecture)

이 중 인포메이션 아키텍처는 제품 라이프사이클의 전반(조달, 엔지니어링, 제조, CM(Configuration Management), 시험, 평가, 후방지원(로지스틱스 서포트))에 걸친 프로세스 흐름을 컨커런트 엔지니어링(CE)을 중심으로 개혁하는 것으로, BPR 그 자체이다. 또한, 컨트롤 아키텍처는 CALS 실시의 방침, 룰, 규격 등의 컨트롤 아키텍처를 나타내는 것으로, 인포메이션 아키텍처와 컴퓨터 아키텍처를 조화시키는 역할도 수행한다.

컴퓨터 아키텍처는 정보 공유와 애플리케이션 통합을 위한 아키텍처이다.

CALS는 컨커런트 엔지니어링(CE)에 의하여 기업에서 BPR을 실행하기 위한 구체적 수단을 제공하는 것이다. 그리고 향후의 가상기업(VE) 중에 대표되는 정보 네트워크를 활용한 기업연대를 유연하고 기동적으로 실행하기 위해서는 산업 조직 전체의 BPR을 실행하여야 한다. CALS에 의하여 제공된 방침, 룰, 규격 등이 명확화된 표준, 컴퓨터 테크놀로지와 이를 사용한 다큐멘트 관리, 커뮤니케이션의 새로운 관리 방법이 꼭 필요한 인프라로 된다(**그림 2.4**).

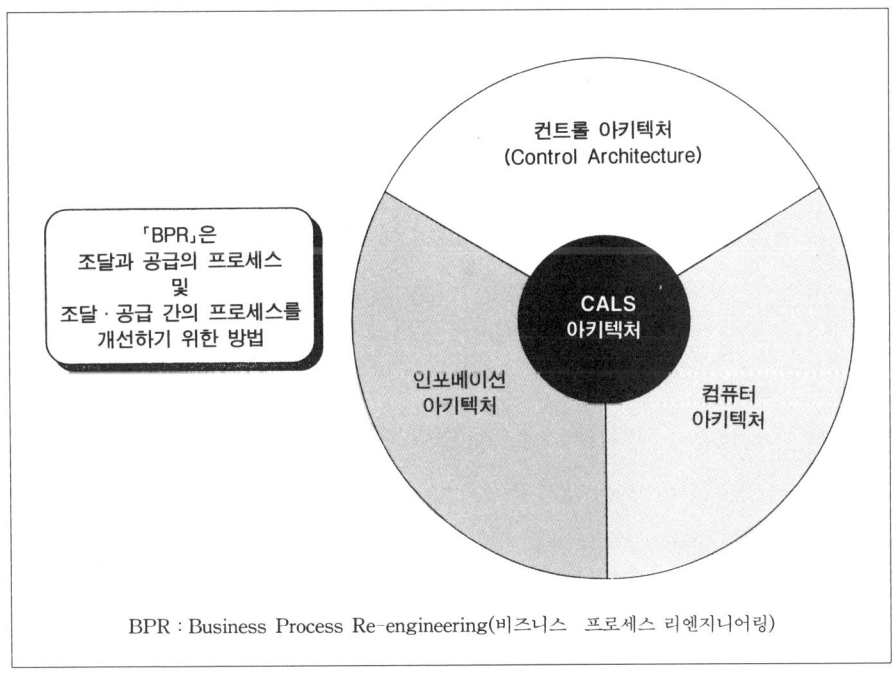

BPR : Business Process Re-engineering(비즈니스 프로세스 리엔지니어링)

그림 2.4 BPR의 의미 부여

NII와 CALS

NII(전미 정보 인프라)은 고어 부통령이 제창하여 추진되고 있는 구상이다. 고어 부통령은 상원의원 시절에 수년 간에 걸쳐 NREN(National Research and Education Network : 전미 연구·교육 네트워크)에 관한 법안을 제출하여 고성능 네트워크의 구축은 연방정부의 책임이라고 계속 주장하였다. 이 NREN은 1990년에 HPCC(High Performance Computer and Communications : 고성능 컴퓨터·통신) 계획의 일부가 되었으며, 그가 작성한 「High Performance Computing Act of 1991」이라는 법안은 1991년 12월 9일 부시 대통령이 서명하여 「Public Law 102-194」로 명문화되었다. 이것은 학술 연구용 네트워크에 관한 법안으로, 「21세기 인류 행복을 위한 과학 분야의 장대한 도전」이라고 칭송받았다.

1993년에 클린턴 행정부가 출범하였고, 그 해 9월 15일 「NII 활동 의제(NII Agenda for Action)」라는 보고서가 발표되었다. 이 NII 구상은 네트워크 뿐만 아니라, 소프트웨어 및 데이터베이스, 텔레비전 등 보다 광범위한 정보 인프라의 정비를 의도한 것이다.

21세기 초까지 광 케이블이 이용된 고속 통신망은 전미 규모로 구축하는 대학, 연구소를 비롯한 학교, 병원 그리고 각 개인 가정도 연결하고자 하는 거대한 구상(FTTH : Fiber To The Home)이다. 이것에 의거함은 정보 통신의 인프라를 강화함과 동시에 미국 경제의 활성화를 도모하는 것이다.

클린턴 행정부의 비전에 의하면, 「쌍방향으로 접촉된 수 만대의 컴퓨터 네트워크 및 컴퓨터 시스템, 텔레비전, 팩시밀리, 전화 그밖의 정보기기로 구성되며 소프트웨어, 정보 서비스, 정보 데이터베이스 등을 숙련된 기술자가 구축하여, 유지하는 것이다」라고 되어 있다.

또한, 로널드 브라운 상무성 장관의 견해는 「21세기가 되면 정보가 새로운 직업과 새로운 시장을 창출하며, 경제 발전을 촉진시켜 국제경쟁력이 증가되고, 모든 미국인 누구라도 필요한 정보에 접근 가능한 정보 민주화가 실시되게 된다」라는 것이다.

네트워크의 부설 및 보유는 민간기업이 주체가 되고, 정부는 민간기업의 투자 촉진을 위한 세제조치 및 규제완화의 정책을 실시하고 있다.

NII는 향후 10년 간 총 예산 500억 달러에서 1,000억 달러 정도의 거대한 프로젝트이며, 정부 레벨만으로도 매년 12억 달러의 예산을 책정하여 개발에 필요한 경비를 조달할 예정이다.

그리고 고어 부통령은 1994년 3월에는 NII를 GII(Global Information Infrastructure : 전세계 정보기반)로 발전시킬 것을 제안하였다. GII는 국내 네트워크와 세계의 지역 네트워크가 상호 접속된 네트워크를 말하며, 이것에 의하여 각 지역에 있는 정보를 세계 어느 곳에서도 이용할 수 있도록 하자는 구상이다. 1995년 2월에 개최된 G7 회의에서 GII를 국제적인 네트워크로서 추진한다는 방침이 결정되었다.

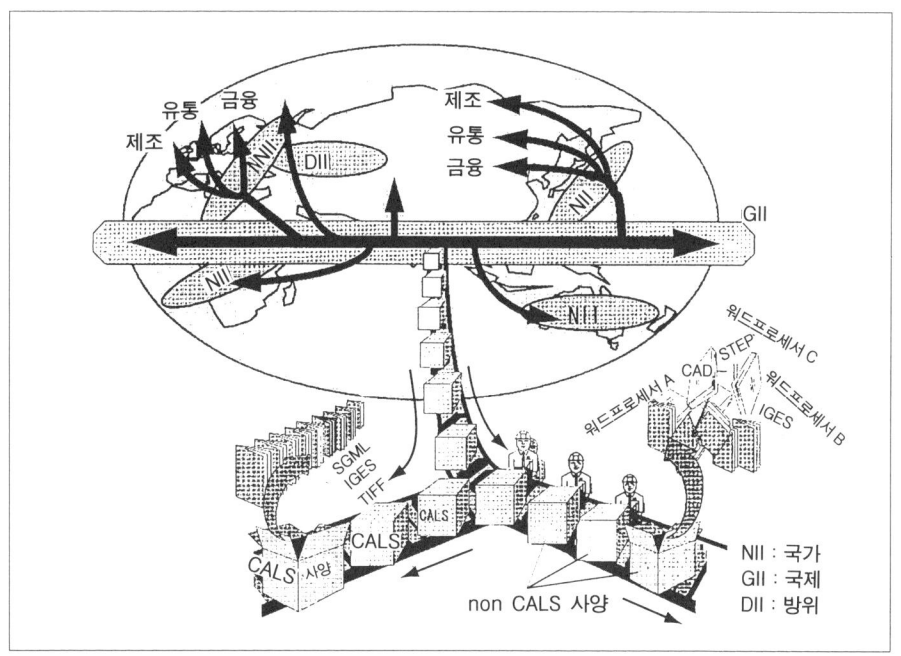

그림 2.5 NII (GII, DII)와 CALS

백악관은 NII에 관한 행정적인 비전을 명확하게 하기 위하여 정부와 여러 업계가 참가하는 IITF(Information Infrastructure Task Force : 정보기반 태스크 포스)를 결성하여 향후 NII를 어떻게 추진할 것인가, 또한 어떻게 유효하게 이용할 것인가를 여러 각도로 검토하고 있다.

IITF는 로널드 브라운 상무성 장관을 의장으로 하며 미국 상무성(DoC)의 NTIA (National Telecommunications and Information Administration : 미국 통신 정보국)에 본부를 두고 있다. 또한 「Executive Order No.12864」에 따른 NII의 자문위원회(의장은 IIFT와 같음)를 구성하여, 현재 37명이 2년의 임기로 활동하고 있다.

병기시스템의 효율화에서 시작된 CALS의 경험을 군민양용기술(Dual Use Technology)에 접목하여, NII로서 민간기업으로의 기술 이전을 도모하고 있다.

NII에 관한 정보제공 및 위원회의 회의 스케줄의 홍보 등은 인터넷 및 BBS를 통하여 제공하고 있다. BBS의 직통 다이얼은 「1−202−5−1−1920」이며, 인터넷 URL 주소는 「http:/iitf.doc.gov/」이며, E−Mail 주소는 「nii@ntia.doc.gov」이다. 위원회의 상세한 리포트를 비롯하여, 보도자료, 위원회의 인명록, 스케줄 표, 관련 다큐멘트 등이 모두 온라인으로 제공된다. 인터넷으로 접근할 수 있는 환경이라면, NII 구상이 정부 레벨에서 현재 어떠한 상태에 있는가를 쉽게 알 수 있다. 이러한 환경을 모두 정부 레벨에서 구축하고자 하는 것이 NII 구상이라고 할 수도 있다.

NII 구상은 가정에서 세계로 연결하는 「정보 고속도로」의 건설이며, 정보를 가전 제품과 같이 보급하여 한 사람 한 사람의 개인 서비스(생활의 질 향상)를 가능하게 하는 것이다. 이것에 견주어 CALS 구상은 제조기업과 세계를 연결하는 「정보 고속 도로」를 건설하여, 생산력 강화를 위한 네트워크를 실현하는 것이다.

NII와 같은 초고속(기가 비트) 정보 인프라는 CALS에서도 불가결한 인프라이며, CALS를 추진하는 원동력이므로, 네트워크의 환경에 따라 CALS도 좌우된다. 향후, ICC(International CALS Congress : CALS 국제회의) 등에서도 적극적인 의견, 참여가 중요하다.

또한, CALS 구상은 중소기업을 포함한 세계 규모의 대응을 대전제로 하여, 중소 기업이 용이하게 저렴한 가격으로 이용 가능한 네트워크 인프라를 실현함과 동시에 보급, 교육, 서포트 체제(ECRC : Electronic Commerce Resource Centers (구 CSRC : CALS Shared Resource Centers)) 등도 고려할 필요가 있다.

■ IITF의 구성과 활동 의제

IITF는 다음의 세 가지 위원회로 구성된다.

① 전기통신 정책 위원회(Telecommunication Policy Committee)

　　전기 통신에 관한 주요 사항에 대하여 객관으로 행정의 입장에서 검토를 실시

② 정보 정책 위원회(Information Policy Committee)

　　NII가 널리 보급되었을 때의 정보 정책에 관한 검토를 실시

③ 운용 및 기술 위원회(Committee on Application and Technology)

　　제조, 교육, 보건, 정부 서비스, 도서관, 환경감시, 전자상거래에 관한 정보 기술 운용에 관한 검토를 실시

또한, IITF는 다음과 같은 9부문의 활동 의제를 추진한다.

① 민간 투자의 촉진

② 정보 자원 액세스 서비스의 확충

③ 기술 혁신과 신규 응용 분야의 촉진

④ 지속적인 대화형의 유저 지향 시스템을 운용

⑤ 정보 시큐어리티와 네트워크의 신뢰성 확보

⑥ 무선 주파수 대역의 관리

⑦ 지적 재산권의 보호

⑧ 정부 기관, 타국과의 협조

⑨ 정부 정보에 대한 액세스 제공과 정부 조달의 개선

CALS에서의 NII, 그리고 현재 사실상의 표준인 인터넷도 포함하여 적극적으로 도입해서 상호 교류할 필요가 있다.

■ ISO 9000과 CALS

ISO 9000 시리즈는 1987년 3월에 제정된 설계, 제조, 제품, 설치 및 서비스에 관한 품질보증시스템의 국제 규격이다.

자사의 품질 보증 체제가 ISO 9000 시리즈를 만족하는 것을 객관적으로 증명하고자 하는 기업은 제3자 기관에 심사를 의뢰한다. 심사에 합격하면 제3자 기관은 그 기업을 ISO 9000 시리즈의 조건을 만족한 기업으로서 등록한다. 일본에서는 1991년 10월에 ISO 9000시리즈를 JIS Z 9900(KS A 9000) 시리즈로서 이미 제정하였고, 일본의 유일한 인정기관인 「(財)일본 품질시스템 심사등록인정협회」가 1993년 11월 1일에 발족하였다. 이미 세계 50개국에서 ISO 9000 시리즈가 각국의 국가 규격으로 사용되었으며 30개국에서는 이 규격에 따라 품질시스템의 심사 등록제도가 운용되고 있다.

품질시스템 심사 등록제도의 역할은 조달측, 공급측 쌍방의 신뢰 관계를 확립하는 것에 있다. 조달측은 자신의 요구사항이 제품 및 서비스에 정확하게 반영되고 있는가, 생산과정에서만 확인 가능한 사양이 직질하게 실시되고 있는가, 오직업에 의하여 납입 후에 고장 및 문제를 발생시키지 않는가 등의 여러가지 사항을 점검할 필요가 있다. 통상적으로 이러한 일들에 대신하여 조달측은 공급측에 품질관리 실시 및 품질보증 활동을 요구한다.

그러나, 공급자에게는 거래관계에 있는 조달자가 복수로 존재하는 것이 일반적이기 때문에 조달자별로 각각 다른 품질관리 및 품질보증 활동이 요구된다면 그것에 대한 대응이 용이하지 않다. 그리고, 요구된 품질관리 및 품질보증 활동이 같은 내용이라고 하여도 각 조달자별로 실시하는 상황의 점검도 용이한 것은 아니다. 이와 같은 문제를 해결하는 것이 ISO 9000 인증제도라고 할 수 있다(「(財)일본 품질시스템 심사등록인정협회」 발행 「ISO 9000의 설징과 구조」에서).

ISO 9000 인증제도와 CALS 실시 프로그램 사이에는 상호 직접적인 관계는 없지만, 모두 제품·시스템의 개발에서 운용지원(A/S 서비스)까지의 업무에 관한 사항이므로, 사업자가 이 두 시스템을 적용하고자 하는 경우에는 상호 관련성에 대해 의식하면서 추진할 필요가 있다.

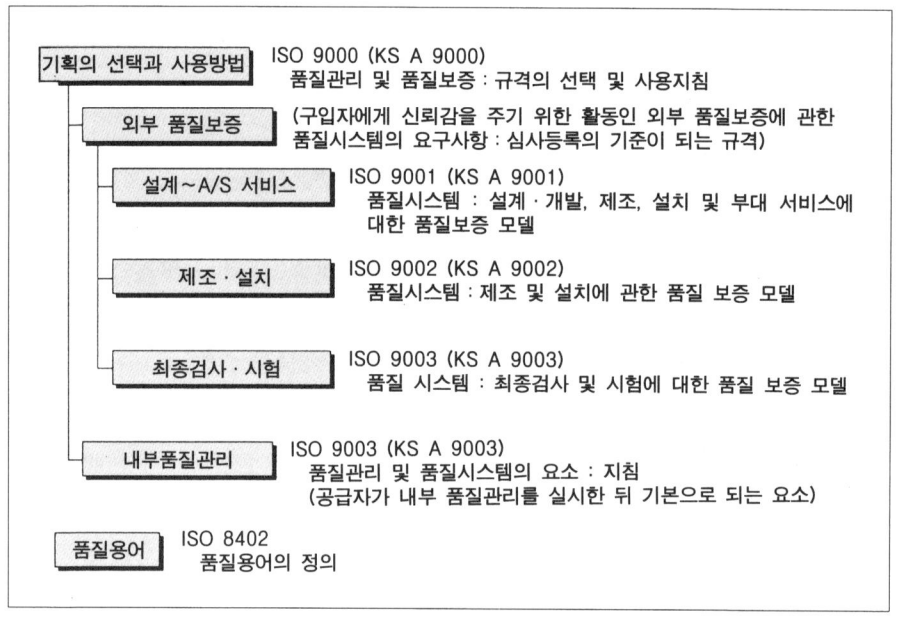

그림 2.6   ISO 9000 시리즈 (KS A 9000 시리즈) 구성도

즉, ISO 9000 시리즈의 인증을 획득한 사업자가 CALS에 대응한 사업을 전개할 경우, 당연히 CALS 대응으로 정비된 워크 프로우에는, ISO 9000 시리즈에 따른 품질보증 프로그램(품질 메뉴얼)에 대한 작업의 흐름이 포함되지만, CALS에 대응하여 사업을 전개하였던 사업자가 ISO 9000 시리즈 인증을 획득하고자 하는 경우에도 워크 프로우 안에 인증을 획득하고자 하는 ISO 9000 시리즈의 요구에 대응한 기능 전개를 도모할 수 있는지를 확인하여 재정립할 필요가 있다.

지금부터 새롭게 CALS에 대응한 사업을 전개하고자 하는 사업자 또는 새롭게 ISO 9000 시리즈의 인증을 획득하고자 하는 사업자는, 이들 모두가 향후 국제사회의 사회 인프라(공통조직)로 될 것을 인식하여 작업의 흐름 등을 재고할 필요가 있다.

한편, ISO 9000 시리즈에서 요구된 각종 자료(기록자료/증거자료)의 유효성에 대해서는 현재 이들 기록자료가 종이에 의하여 관리되고 있는 경우가 많지만, ISO 9000 시리즈에서는 전자적인 매체에 의한 기록자료/증거자료를 용인하고 있으므로 문제는 없다.

그러나 품질개선은 ISO 9000 및 PL법만으로는 해결할 수 없다. CALS는 품질을 창출하는 프로세스의 개선을 대상으로 한다는 것에 유의하여야 한다.

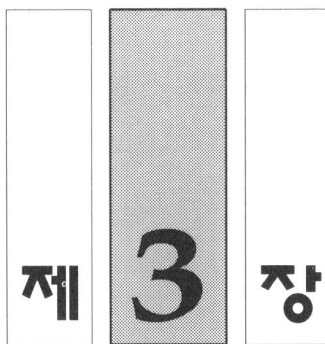

제 3 장

CALS의 실태를 탐구한다

CALS는
병기시스템의 신뢰성과 보전성 및 기동성
문제에서 출발하여, IDA의 조사 보고 결과,
종이 및 자동화의 고립화에 의하여 효율적인
정보관리가 불가능하다고 지적되었다.
제품의 품질은 경영방침 및 병기를 생산하는
모든 프로세스에 의존되므로, 기업의 체질
개선을 위한 많은 시험이 실시되고 있다.
이 장에서는 조달측의 관점에서 제품의
신뢰성, 보수성, 기동성 및 물류에 관한
서비스인 로지스틱스와 이들을 원활하게
운용하기 위한 조달 프로세스에 대하여
소개한다.

미국의 정부조달에 대한 CALS의 적용

미국에서는 정부조달에 CALS 적용을 위한 가이드라인이 규정되어 있다. 여기에서는 「MIL-HDBK-59B : CALS 도입 가이드」에 규정되어 있는 "정부운용 구상(GCO : Government Concepts of Operation)"에 대한 요점을 정리하고, 미국의 CALS 추진을 조달측 관점에서 살펴본다.

정부가 제품 또는 시스템을 조달할 경우에는 조달자가 공급자 또는 제조업자에게 제안요청(RFP : Request for Proposal)을 제시하지만, 정부운용 구상은 제품 또는 시스템 조달에서 조달자가 CALS 개념에 따라 실시할 것을 명시한 것이다. 정부운용 구상은 정부의 조달 관리팀이 작성한 일종의 정부지급 정보(GFI : Government Furnished Information)이다.

계약 응모자는 정부운용 구상에 대응하여 CALS 대응 구상(CAC : Contract Approarch for CALS)를 작성하여 CALS에 근거하여 제품 및 시스템을 개발할 의사와 구상을 명확하게 나타낸다. 또한, 계약 응모자는 제안 요청에 대응한 제안서를 제출한다.

업자가 선정되어 계약이 성립되면, 계약업자는 CALS 실행 계획(CALSIP : CALS Implementation Plan)을 작성하여, 제품 및 시스템의 개발계획이 전 라이프사이클에 걸쳐서 CALS 표준에 따라 작업할 것을 조달자에 명시한다.

CALS에 의한 조달 관련 서류의 흐름은 **그림 3.1**에 나타낸 바와 같다.

(1) GCO의 작성 순서와 주요 검토내용 (그림 3.2 참조)

① 조달측이 작성하는 계약 데이터 요구 리스트(CDRL : Contract Data Requirements List)에 의한 납입물 리스트의 명확화

    a. 관리·시책 데이터

    b. 제품기술 데이터

    c. ILS/LSA 계획 및 보고

    d. 간행물 등

② 유저의 명확화

    a. 유저의 기관명

    b. 주소

    c. 직무(조달, 설계, 제조, 보수, 교육 등)

    d. 데이터 타입 등

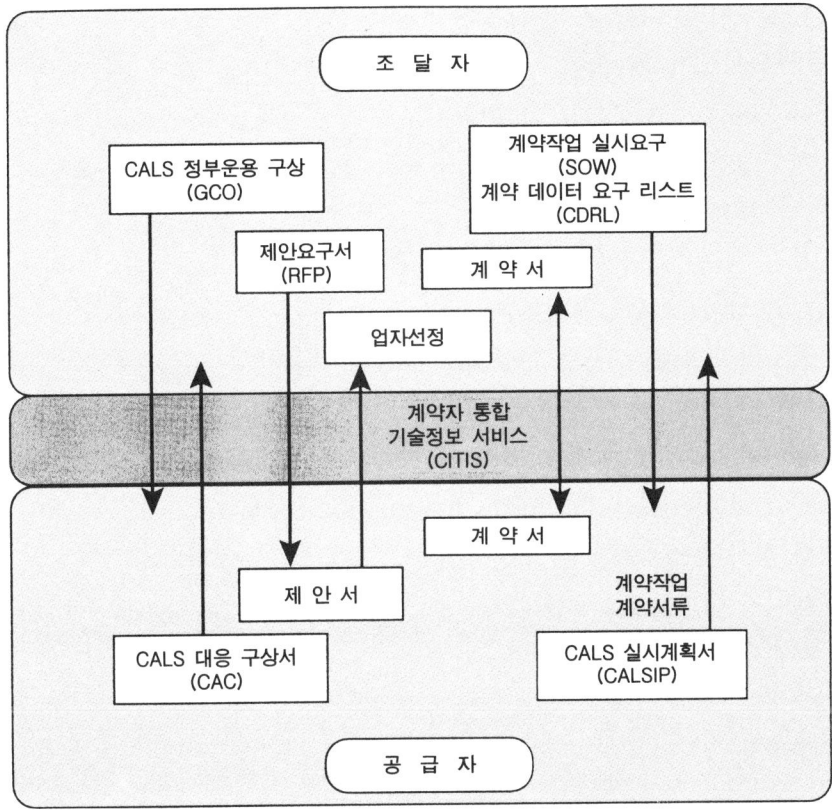

그림 3.1 CALS에 의한 조달 관계 서류의 흐름

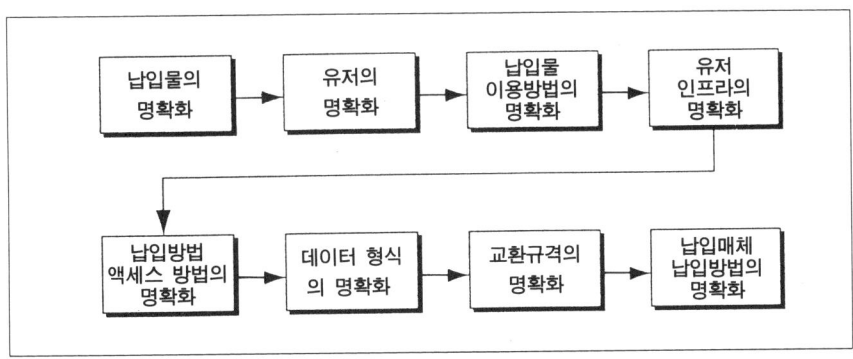

그림 3.2 GCO (정부운용 구상)의 검토내용

③ 데이터의 이용방법의 명확화

  a. 열람만

  b. 커멘트 등의 첨가

  c. 유지·갱신

    d. 추출·처리·변환

    e. 아카이브(Archive)

④ 유저가 이용 가능한 기반의 명확화

    a. 하드웨어

    b. 소프트웨어

    c. 통신 네트워크

⑤ 데이터의 납입/액세스 방법의 명확화

    a. 하드카피 또는 디지털 형식으로 납입되는 문서

    b. 컴퓨터 처리가능한 데이터 파일

    c. 온라인 데이터 액세스 가능한 계약자 통합기술정보서비스(CITIS : Contractor Integrated Technical Information Service)

⑥ 데이터 형식의 명확화

    a. 페이지 이미지

    b. 텍스트

    c. 그래픽

    d. 영문자 및 숫자

    e. 영상/음성

    f. 통합 데이터

⑦ 데이터 형식에 대응한 교환 규격의 명확화

    a. 이미지 데이터 규격

    b. 텍스트 규격

    c. 그래픽 규격

⑧ 데이터 납입매체 및 사용규격의 명확화

    a. 자기 테이프

    b. 자기 디스크

    c. CD-ROM

    d. 통신(EDI, CITIS)

(2) 제안 요구에서 업자 선정까지의 프로세스

① CITIS 서비스의 평가 (그림 3.3 참조)

    CITIS 서비스의 실시 코스트와 메리트를 평가한다.

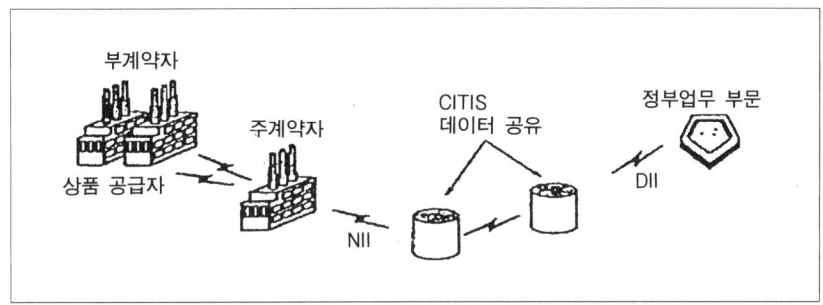

그림 3.3 CALS의 CITIS 운용 구상

② **작업 단위(SOW : Statement of Works)별의 요구사항**

① 디지털 데이터에 의한 납입물의 평가

기밀이 요구되는 도면 및 기밀이 요구되지 않는 도면의 납입을 평가한다.

② CITIS 온라인 액세스의 평가

단말기 설치장소, 이용시간대, 응답속도, 보전, 전용회선의 설치 등을 평가한다.

③ 계약 후의 CALS 계획

계속적인 CALS 활동을 요구한다.

③ **수입검사**

① 디지털 데이터의 수입검사

프린터로 출력한 것을 눈으로 확인하거나(최저 레벨) 또는 CALS 데이터의 변환형식에 일치하고 있는가를 자동화 툴을 이용하여 확인한다.

② CITIS 수입검사

CITIS 데이터를 검증한다.

④ **응찰자에게 요구하는 사항의 명확화**

① 디지털 정보의 생성, 관리, 사용, 변환에 관한 경험.

② 설계, 제조, 후방지원(로지스틱스 서포트)에의 CALS 적용 및 데이터베이스의 통합순서.

③ CITIS의 이용순서, 시방, 애플리케이션 소프트웨어, 데이터베이스 서비스.

④ CALS 인프라, 참고문헌, 정의, 관계자의 연락처.

⑤ CALS 프로그램의 대상, 전략, 관리책임, 관리방법.

⑥ CITIS 시스템 시험 및 평가수법.

⑦ 조달하는 시스템과 관련된 정보시스템의 설명.

⑧ 리스크 평가 및 시스템 시큐어리티.

⑤ **제안의 평가**

라이프사이클 코스트 및 품질을 중심으로 평가한다.

(3) CALS 적용시의 고려사항 (그림 3.4 참조)

① **적합성의 검토**

관리 데이터에 관한 적합성 및 제품의 설명 데이터에 관한 적합성, ILS(Integrated Logistics Support : 통합 로지스틱스 지원)/LSAR(Logistic Support Analysis Record : 로지스틱스 지원 해석기록)의 계획 및 보고에 관한 적합성, 출판물에 관한 적합성 등을 검토한다.

② **코스트 및 시스템 리소스에의 영향 검토**

데이터의 디지털화에 대한 사용의 용이성, 레거시 데이터(Legacy Data : 기존 데이터)에 대한 신뢰성, 디지털화에 따른 변경 빈도, 취득 데이터의 진부화 정도, 시스템 수명, 관련 시스템, 하드 카피를 배제함에 따른 이점과 손실 등을 검토한다.

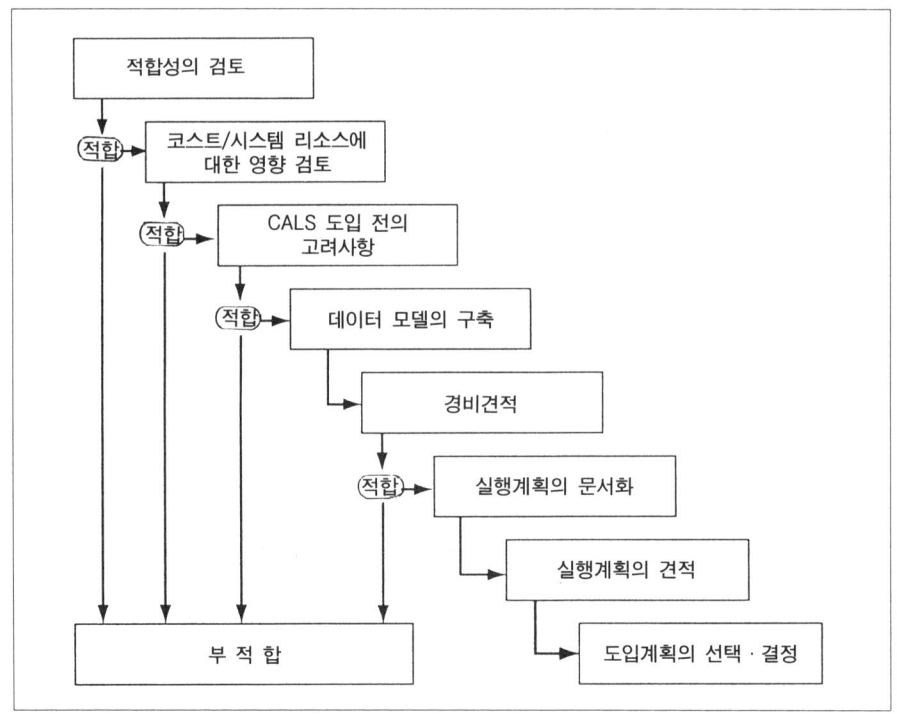

그림 3.4 CALS 적용시의 고려사항

③ CALS 도입 전의 고려사항

　종이에 의한 데이터 납입과 디지털 미디어에 의한 데이터 납입의 많고 적음, 레거시 데이터의 디지털화에 따른 변경의 번잡함, 계약 변경/기술 변경이 발생하였을 때의 변경에 관련된 문서 작성 등을 고려한다.

④ 데이터 모델의 구축

⑤ 경비의 견적

　시스템의 개발·설치, 소프트웨어 인터페이스, 데이터의 CM (Configuration Management), 네트워크의 설치, 데이터의 변경 등의 임시경비를 견적한다. 또한, 시스템 보수, 디지털 데이터의 작성·이용·보수, 데이터의 기록·배포 등의 경상경비를 견적한다. 이것에 의하여 CALS가 적용되지 않은 현재 활동(As-Is)과 CALS가 적용되었을 때의 장래 활동(To-Be)에 대한 소요자원(시간, 공정수, 경비, 기술) 및 경비절감의 비교를 실시한다.

▌▌ 로지스틱스 주도의 CALS

(1) 로지스틱스란?

　CALS가 여러가지 내용을 가지고 있지만, 로지스틱스도 여러가지 내용을 가지고 있다.

　다음의 정의는 미국에 있는 2개의 로지스틱스 전문단체(SOLE와 CLM)가 규정한 로지스틱스의 정의이다. SOLE(Society of Logistics Engineers : 로지스틱스학회)는 1966년에 설립된 단체로 시스템/제품을 대상으로 한 「제품지원」을 중심 과제로 한 로지스틱스를 취급하고 있다. 한편, CLM은 1963년에 설립된 NCPDM(National Council of Physical Distribution Management : 미국 물류관리협회)을 전신으로 하며, 1984년에 CLM(Council of Logistics Management : 로지스틱스 관리협회)으로 개칭한 단체로 「제품·상품의 공급」을 중심 과제로 한 로지스틱스를 취급하고 있다.

● 로지스틱스란 목표의 실현, 계획, 운용을 지원하기 위한 기법이며, 과학적으로 요구사항, 설계, 자원의 공급과 유지에 관한 관리, 엔지니어링 및 기술 활동을 지원하는 것이다.(SOLE 1974)

● 로지스틱스란, 고객의 요구조건을 만족시키기 위하여 원재료, 반제품, 완성품 및 관련 정보의 산출지점에서 소비지점에 이르기까지의 프로우 보관을 효율적으로, 또 비용에 대한 효과가 최대가 되도록 계획의 입안·실시·통제를 하는 과

정이다.(CLM 1984)

이것은 후자가 전자의 정의를 변경하였거나, 정정한 것이 아니라, 양쪽이 각각 정의한 것이다. 정의라는 것은 짧은 문장으로 간결하게 표현하기 때문에 이해하기 어려운 점이 있으므로, 로지스틱스를 다음과 같이 정리하여 본다.

① 어떠한 「작업」이 준비로 인해 일어날 수 있는 모든 사태를 상정하여, 사전에 준비하여 두는 활동이 로지스틱스의 또 하나의 모습이다(사전 준비).

② 라이프사이클이 긴 제품 및 시스템의 운용과 사용을 지원하는 활동으로서의 로지스틱스(제품 지원활동)가 있다.

③ 제품이나 상품을 고객에게 공급하는 것도 중요한 로지스틱스(공급활동)이다.

가장 이해하기 쉬운 예는 걸프전(1990년 8월 이라크 침공~1991년 12월 다국적 군 철수)에서의 로지스틱스이다. 다음은 파고니스 장군의 저서 「산 움직임」 안에서 몇 가지의 내용을 인용한 것이다.

● 이라크가 쿠웨이트에 침공한 때부터, 다국적군이 쿠웨이트를 탈환한 후, 전쟁이 종료될 때까지의 기간은 이라크의 위협으로부터 사우디아라비아를 지키는 작전 「사막의 방패」, 쿠웨이트에서 이라크군을 격퇴하는 작전 「사막의 폭풍」, 이 지역에서 다국적군이 철수하는 작전 「사막의 송별」의 3단계로 나누어져 수행되었지만, 이 모든 작전이 로지스틱스에 의해 지원되었다.

● 전쟁 초기단계에서 1일 간 5,000명의 병사를 수용하기 위해서는 무엇이 필요한가? 피로·공복·갈증에 시달리고, 샤워를 열망하고 있는 병사를 위하여 보급 담당자는 버스를 수배하고, 연료와 물의 전문가는 파이프라인, 담수화 시설의 조사를 먼저 시작한다(사전 준비활동에 해당).

● 「사막의 폭풍」 작전을 위하여 북유럽에서 공급된 M1 전차는 유럽 지형에 적합하도록 짙은 녹색 얼룩으로 위장하고 있었으나 이것을 사막과 같은 색으로 바꾸어 칠하고, 105밀리 포가 장착된 전차는 M1 전차와 같이 120밀리 포로 교환하였다(제품 지원활동에 해당).

● 「사막의 방패」작전에서는 처음의 30일 간에 38,000명의 부대와 약 16만톤의 기자재를 상륙시켰다(공급활동에 해당).

비즈니스의 세계에서도 로지스틱스의 필요성 및 중요성이 제기되고 있다. 이 경우에는 준비하는 「업무」를 「전쟁」으로부터 「사업 비즈니스」로 치환하면 된다. 예를 들면 가전제품 메이커가 시장에 에어콘을 안정적이고 지속적으로 공급하여, 고객이 에어콘을 사용하게 하며, 기대 수준까지의 성능이 만족되도록 계획하는 것이다(업무 준비). 이를 위해서 무엇을 수행해야 하는가를 로지스티션(로지스틱스에 종사하는 사람)으로서는 다음과 같은 일을 구상하는 것이다.

- 어떻게 하면 고객에게 어필될 것인가?
- 공급할 에어콘을 직접 생산할 것인가, 외부에서 조달할 것인가?
- 자재 공급이 중단되면 어떻게 대처할 것인가?
- 에어콘을 어떤 수법으로 고객에게 전달할 것인가?
- 에어콘이 고장나면 누가 수리할 것인가?
- 수리용 부품은 얼마나 준비할 것인가?
- 폭서로 수요가 급증하면 어떻게 대처할 것인가?

등등, 이것이 로지스틱스이다.

(2) 로지스틱스의 목적

로지스틱스의 목적은 고객만족의 달성이며, 그 본질은 고객 서비스 활동이다.

군대에 무기를 공급하는 군수산업의 고객은 군 그 자체이며, 병기 메이커는 군에 대한 로지스틱스 지원활동을 실시한다. 군의 로지스틱스 부대는 군의 고객인 제1선의 전투부대에 대하여 병기 메이커의 지원하에 로지스틱스 서비스로서 무기 및 탄약 등의 보급과 정비를 실시한다. 로지스틱스 지원이 불충분하여, 전투부대가 자유롭게 활동할 수 없게 되므로, 이것이 곧 전쟁에서의 패배를 의미하는 것이다. 탄약은 적시에 보급되어야 한다.

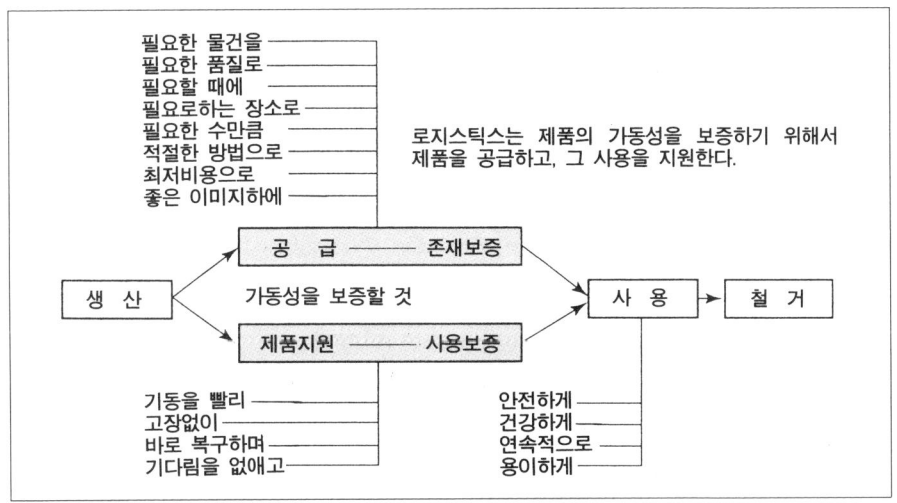

그림 3.5 로지스틱스의 범위

전투기의 출격시에는 연료가 꼭 필요하다. 미사일을 포격할 때에 발칸포가 작동되어야 한다. 이러한 것들이 만족되지 않으면 군의 임부를 수행할 수 없게 되는 것이다.

이와 같이 에어콘을 구입한 사람은 즉시 사용하고자 하는 것이다. 2~3주간 기다리게 하면 고객에게 불만을 주게 되는 것이다. 즉시 사용 가능하기 위해서는 설치법을 쉽게 이해할 수 있도록 메뉴얼이 작성되어 있어야 한다. 고장도 없는 것이 좋다. 고장은 어쩔 수 없다 하더라도 수리에 2~3일 이상 소요되면 소비자에게 불편을 주게 되는 것이다. 즉시 복구되어, 곧 사용하고자 하는 것이 사람의 마음이다. 이를 위하여 메이커 입장에선 과연 무엇을 해야 할 것인가?

목이 마를 때에는 찬 음료수 한 컵이 마시고 싶은 것이다. 결코 많은 양은 필요하지 않을 지도 모른다. 목이 마르지 않을 때에는 마실 것을 권유 받아도 별로 기쁘지 않을 것이다. 시원한 음료수가 「존재」한다면 마실 수도 있고, 그 만족이 보증된다.

복도에서 껌을 밟으면 매우 불쾌하다. 계단이나 도로 등에 껌이 붙어 있어 매우 더럽다. 버린 사람도 나쁘지만, 이 세상에 껌이 없으면 이러한 문제가 발생하지 않을 것이다. 음료수의 빈 깡통이나 빈 병, 야산에 함부로 방치되어 있는 자전거, 오토바이, 자동차 등등, 이들이 사용되었을 당시에는 사용자에게 상당한 만족을 제공하였다고 생각되지만, 그 만족이 지속적으로 남는 것은 아니다. 당시에 사용한 본인(고객)뿐만 아니라, 지금부터 사용할 사람(잠재고객)에게도 만족을 지속적으로 제공하지 못한다면, 적어도 불만족을 제공하여서는 안된다.

더욱이, 현재는 자연·환경·자원 보호, 자원절약이 세계적으로 요구되고 있고, 여기에 로지스틱스 기술이 활용된다. 즉, 리사이클(Recycle : 재생이용), 리유스(Reuse : 재사용), 리페어(Repair : 수리)의 3R이라고 한다.

(3) 로지스틱스의 초점 : 라이프사이클 코스트 (LCC)

긴 라이프사이클을 가지며, 전 라이프사이클을 통하여 지원활동을 필요로 하는 제품에 대한 로지스틱스의 초점은 라이프사이클 코스트(LCC : Life Cycle Cost)이다.

미국방성(DoD)은 베트남 전쟁 당시에, 반전사상에 의한 군축요구와 공산주의의 위협에 대한 대항이라는 모순된 요구에 대응하게 되었다. 군사 예산을 조금이라도 삭감하면서 효과적으로 군비를 보유하기 위해서는 코스트 분석을 실시하여 그 결과, 제품(병기시스템)의 라이프사이클 코스트(LCC)를 착안하였다.

LCC, 즉 제품의 라이프사이클에 소요되는 코스트를 크게 취득 단계의 코스트와 운용/지원단계의 코스트로 나누어 그 비율을 확인한 결과, 전자보다도 후자쪽이 더욱

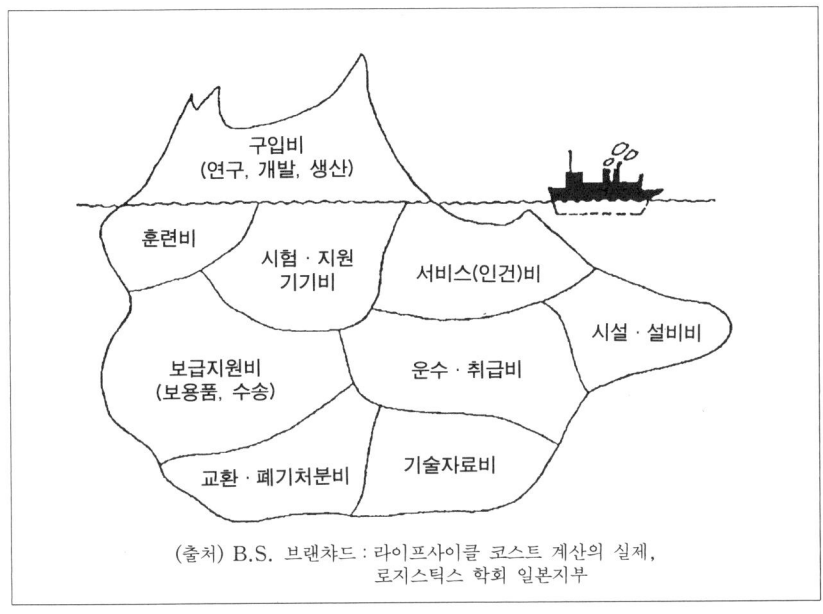

그림 3.6 라이프사이클 코스트(LCC)의 구조

많고, 제품에 따라서는 4 : 6, 경우에 따라서는 3 : 7로 되는 것을 알게 되었다.

그러나 통상적으로 정부기관이 구매할 경우, 가격은 입찰에 의하여 결정된다. 그러나, 다소 취득 코스트가 많아도 운용지원 단계의 코스트가 적은 경우가 있을 수도 있다. 즉, 값싼 구매가 보다 많은 비용을 발생시킬 수도 있다는 것이 지적되어, 이후 조달시에는 LCC의 계산이 의무화되었다.

그리고, 보다 심도 깊은 연구를 진행한 결과, LCC는 라이프사이클 초기 단계에서 결정된다는 사실을 알게 되었다. **그림 3.7**은 라이프사이클 코스트 계산의 제1인자인 B.S. 브랜챠드 교수의 "LCC 계산의 실제"에서 인용한 것이다.

라이프사이클은 ① 제품기획과 개념설계 ② 초기시스템 설계 ③ 상세설계와 개발 ④ 생산·구축 및 평가 ⑤ 시스템/제품의 사용과 로지스틱스 지원 ⑥ 폐기로 진행되지만, ①의 단계에서 약 65%, ②의 단계에서 85%, ③의 단계에서 95%, 즉 초기의 엔지니어링 프로세스에서 LCC의 95%가 결정되는 것을 알 수 있다.

종래에는 로지스틱스를 구성하는 개개의 요소, 예를 들면 수송, 재고, 메인터넌스 등의 기능별의 코스트 절감을 추구하였지만, LCC의 개념이 도입된 것은 로지스틱스의 발전에서 획기적인 것이다. 그러나, LCC는 라이프사이클의 초기 단계에서 결정된다. 따라서, 초기 단계에서 라이프사이클의 단계에 관련되는 요소를 고려하는 것이 중요하다.

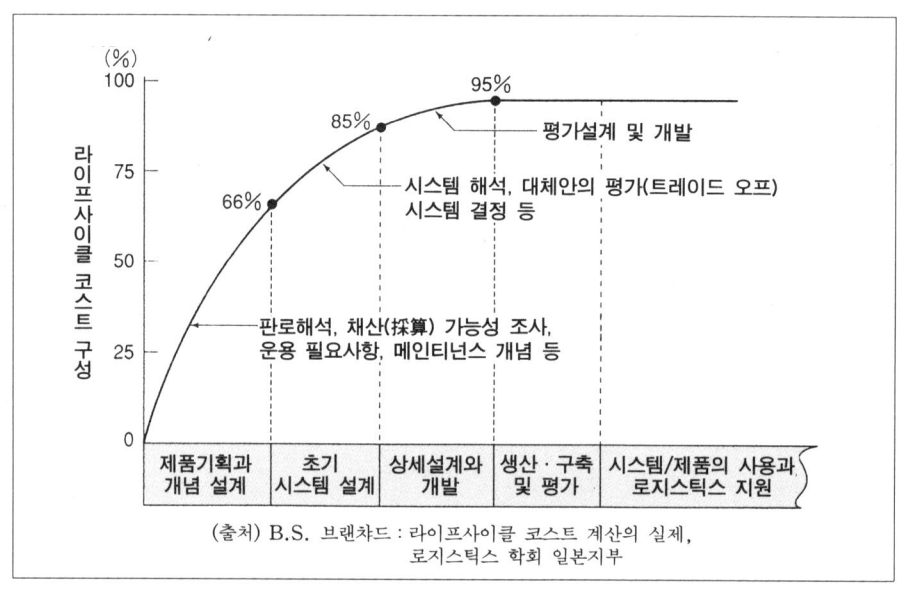

그림 3.7 라이프사이클 코스트의 결정 모델

여기에 라이프사이클 어프로치, 컨커런트 엔지니어링(CE : Concurrent Engineering)이 주목되는 것이다.

(4) 로지스틱스 지원요소와 통합관리

제품/시스템의 조달시에 취득 단계만의 비용으로 대체안을 평가·결정하지 않고, 제품/시스템의 전 라이프사이클에 걸친 LCC를 계산한다는 것은 획기적인 것이지만, 이것이 곧 LCC를 적극적으로 절감시키는 것은 아니다. LCC의 절감을 위해서는 로지스틱스 지원요소의 통합관리(ILS : Integrated Logistics Support)가 필요하다.

제품지원활동을 중심으로 한 로지스틱스에서의 지원요소는 요원 및 교육훈련, 시험 및 지원자재, 보급 지원(준비, 예비/수리용 부품, 배송, 보관, 저장 등), 수송 및 취급법, 시설, 기술자료, 로지스틱스 정보 등이며, 공급활동을 중심으로 한 로지스틱스에서의 지원요소는 원재료의 구매·조달, 저장품, 창고보관, 포장·컨테이너 용기, 물류, 수송 및 교통관리, 고객 서비스 등이다.

이들 요소 간에는 상호의존·보완관계가 있으며, 이들 요소들을 통합 관리함으로써 비용 절감 및 효율적인 로지스틱스 지원이 가능하다. 예를 들면, 제품/시스템의 운반시에 충격에 의한 데미지를 받지 않도록 포장을 튼튼히 하면, 트럭의 적재효율이 떨어지고, 운송 코스트가 많아진다. 수송 코스트의 절감을 위하여 수송 단위를 크게 하면 재고 코스트가 상승한다. 장치 오퍼레이터에게 메인티넌스를 담당시키면 복구시간은 단축되지만, 오퍼레이터의 훈련에 많은 비용이 소요된다.

메인티넌스 요원을 전문화하면 이에 대한 훈련은 용이하지만, 인건비가 증대한다. 메인티넌스 요원을 집중화시키면 인건비는 억제되지만, 복구시간이 단축되지 않는다. 이와 같이 쉽게 양립할 수 없는 것이다.

따라서, 로지스틱스 지원요소와 로지스틱스 지원 코스트의 관계를 분석하는 로지스틱스 지원 해석(LSA : Logistic Support Analysis)라는 기술이 발전하였다.

LSA에서는 운용요구에 일치되는 제품/시스템의 대체안(메인티넌스는 누구에게 시키고, 복구에 사용되는 부품의 재고를 어느 정도 유지시키며, 이들의 수·배송은 어떻게 할 것인가 등)을 상정하여, 각 대체안마다 작업량, 인원, 자재량 등을 견적하여, 비용을 계산한다. 또는, 비용을 제품/시스템의 구성요소, 로지스틱스 지원요소로 나누어 그 비용의 범위내에서 설계하여 대체안을 평가한다. LSA는 라이프사이클 초기의 기획·개념설계 단계에서 최초로 실시하지만, 그 후의 초기설계, 상세설계의 각 단계에서 세부 요소를 결정하기 위해 반복하여 실시한다. 운용지원 단계에서도 로지스틱스 실적평가, 로지스틱스 시스템의 개선을 위하여 실시한다.

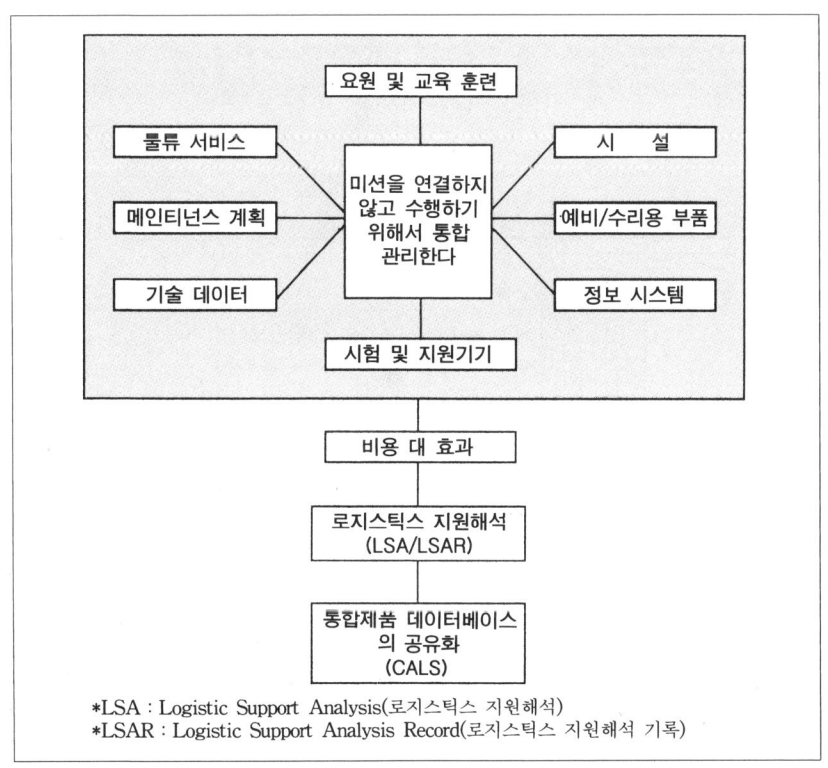

그림 3.8 **로지스틱스 지원요소의 통합관리와 CALS**

LSA에서 취급하는 로지스틱스 데이터는 막대한 것으로, LSA마다 입력하는 것은 비현실적이다. 초기 단계에서 입력된 데이터는 다음 단계에서 반복 이용되며, 업 데이트된다. 초기에 입력된 데이터가 메인티넌스 계획이 되고, 그 중 일부는 운용 메뉴얼에 포함되며, 어떤 데이터는 보수부품의 재고관리 기준이 된다. 또한, 발주측(조달측)과 공급측 사이에서 LSA 데이터 및 해석 결과의 교환이 필요하지만, 이것은 페이퍼 중심으로는 처리할 수 없다.

여기에 조달자와 공급자 사이에 통합 제품 데이터베이스를 구축하여, 양자가 로지스틱스 정보를 공유한다는 CALS의 개념이 뚜렷이 드러난다.

(5) 메인티넌스 계획

제품/시스템에는 기대되는 미션이 있고, 이 미션을 수행하기 위한 조건이 결정되어 있다. 예를 들면, 기능·성능 이외에도 고장률, 가동성, 복구시간 등, 운용상의 요구사항이 결정되어 있다.

제품/시스템은 사용하는 과정에서 고장이 발생하면 미션을 계속 수행할 수 없게 된다. 고장이 발생하면 가능한 빨리 수리하여, 복구시켜야 한다. 가장 좋은 방법은 고장이 없는 제품/시스템을 설계·제작하는 것이지만, 이것은 매우 어려운 일이다. 일반적으로는 차선책으로서 고장기간을 단축시키는 방법을 취한다.

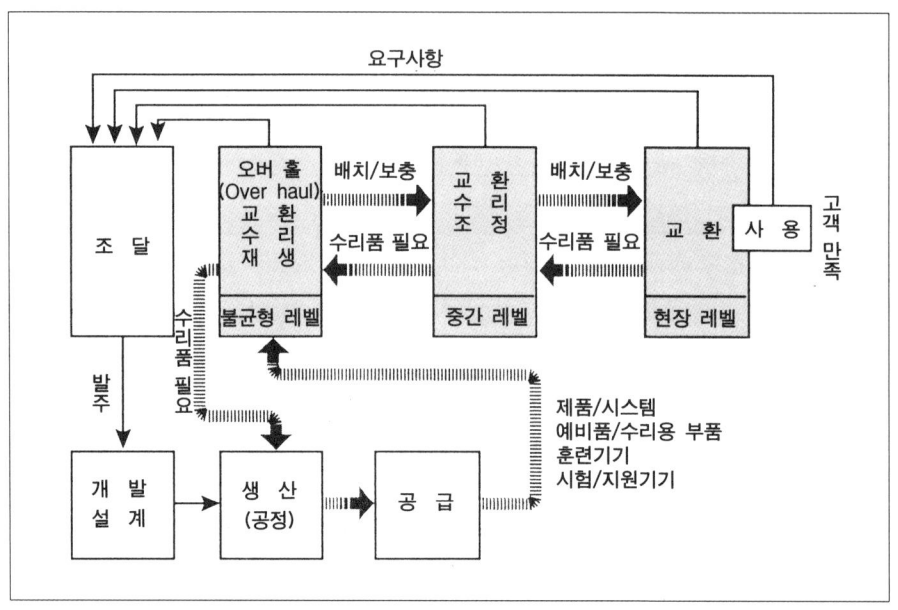

그림 3.9 메인티넌스 계획

방법은 크게 나누어 두 종류가 있다. 하나는 고장나지 않도록 사전에 점검 및 오버홀(Over haul) 하는 방법, 소위 예방 메인티넌스 방식이다. 또 하나는, 고장이 발생되면 바로 수리하는 사후 메인티넌스 방식이다. 어떤 방식을 채택할 것인가는 비용대 효과로 결정한다.

고장이 발생한 경우에는 고장난 부분을 양품으로 교환하여, 사후 수리하는 방법, 또는 고장난 부분을 폐기하는 방법, 그리고 수리해야 할 부품도 현지에서 수리하는 방법, 다른 곳에 의뢰하여 수리하는 방법 등 여러 가지가 있으므로, 이에 따른 수리방침을 세울 필요가 있다.

일반적으로 수리 및 수리품의 취급을 계층구조적으로 계획하는데, 이것을 메인티넌스 개념이라고 한다. 기본적으로는 3레벨의 메인티넌스 개념이 일반적이며, 제품/시스템의 구성 부위별로 어떠한 메인티넌스 개념으로 대응할 것인가, 어떠한 수리방침으로 대응할 것인가에 따라서 코스트와 제품/시스템의 효과성이 크게 달라지므로 LSA를 실시하는 것이다. 그리고, LCC를 최소한으로 억제하고, 제품/시스템의 기능·성능이 최대한으로 발휘하도록 메인티넌스를 실시하여야 한다.

즉, 로지스틱스는 제품/시스템의 고장기간을 단축시켜 가동성을 향상시키는 것이다. 이를 위하여 제품/시스템의 설계단계에서 고장 발생을 억제하는 방법에 관한 연구(신뢰성 설계), 수리의 용이성에 관한 연구(메인티넌스 설계), 수리의 용이성을 지원하는 환경의 연구(지원성 설계)를 실시하고 있다.

예를 들면, 구조를 단순화하거나, 고장나기 쉬운 부분의 장착을 용이하게 설계하거나, 수리용 부품을 재고로 확보하여 두거나, 메인티넌스 요원을 훈련시키기도 하며, 쉽게 이해할 수 있는 메인티넌스 메뉴얼을 작성하는 것이다. 소위, 로지스틱스 지원요소의 통합관리인 것이다.

제4장

CALS 규격

이 장에서는

CALS의 운용 규격에 대한 설명 및

현재 CALS 선진국에서

채택·사용되고 있는 정보기술 규격과

기술관리 규격에 대한 기본적인 개념과

개요를 소개한다.

CALS에 적용된 규격에는 다음의 세 가지 영역이 있다.

① CALS 운용규격

  (1) CALS 실시의 절차·결정에 관한 규격

  (2) CALS에 의한 기술정보 서비스 방식에 관한 규격

② CALS에 이용되는 정보기술 및 툴 규격

③ 기술관리 규격

이들 중에서 ①은 조달측과 공급측과의 디지털 정보에 의한 기술정보의 공유화와 업무처리의 개념이 되는 CALS 고유의 규격이지만, ②, ③은 반드시 CALS 고유의 규격은 아니다. 그러나 CALS의 운용에서는 ②, ③ 모두 무시할 수 없는 규격이며, CALS의 도입을 추구하는 조달자 및 공급자는 이들 규격에 따라 인프라의 정비 및 작업흐름의 확립을 도모할 필요가 있다.

②는 조달측 및 공급측의 인프라 정비 상황과 조달측에서의 디지털정보 운용구상 등에 따라 시대와 함께 변화되는 것이다(적용 규격의 변경은 원칙적으로 변경전의 디지털 정보와 양립 가능한 것이 후속 규격으로 사용된다).

또한, ③은 조달자와 공급자가 디지털 정보를 공유하기 위하여 조달측 및 공급측이 상호 준수해야 할 규범으로, 새로운 제품·시스템의 개발관리 및 제조 이력 등을 관리하는 데 활용되는 관리법에 관한 규격이다.

▌▌ CALS 실시의 절차 및 결정에 관한 규격

CALS 실시의 절차와 결정에 관련된 규격으로서는 미국의 군수장비 조달에 사용되어, 현재까지 많은 운용 실적을 가진 DoD(미국방성)의 CALS 실시 가이드북(MIL-HDBK-59B)이 있다. CALS를 도입한 계약업무 체결까지의 흐름은 제품·시스템의 라이프사이클에서 조달측과 공급측이 실시하는 초기의 업무처리로서, 다음과 같이 조달측 및 공급측 간의 정보교환에 따라 사양을 확정하고 수행한다(**그림 4.1** 참조).

① **조달측의 정부 운용구상(GCO : Government Concept of Operation)의 명확화**

    조달측에서 새로운 제품·시스템의 구상 설계시에 제품·시스템의 요구기능·성능을 명확하게 함과 동시에 관련되는 디지털 정보의 운용구상을 명확하게 하여, 수주를 희망하는 사람에게 기술제안 요구서와 같이 제시한다.

② **공급측의 CALS 대응구상(CAC : Contract Approarch for CALS)의 명확화**

    조달측에서 기술제안 요구서와 함께 제시한 조달측의 CALS 운용구상(GCO)

에 대응하여 공급측은 새로운 제품·시스템의 개념설계부터 기능배분에 의한 제품기획 단계까지 필요한 제품·시스템 관련 기술정보를 조달측에 제공하는 방식 등이 포함된 공급자측의 CALS 대응구상(CAC)을 명확하게 하여 조달측에 기술 제안한다.

③ **조달측의 업자선정 및 계약**

공급측의 기술 제안에 따라 조달측은 업자를 선정하고 제품·시스템의 조달로 제공받는 계약 데이터의 요구시방을 명기한 후, 계약한다.

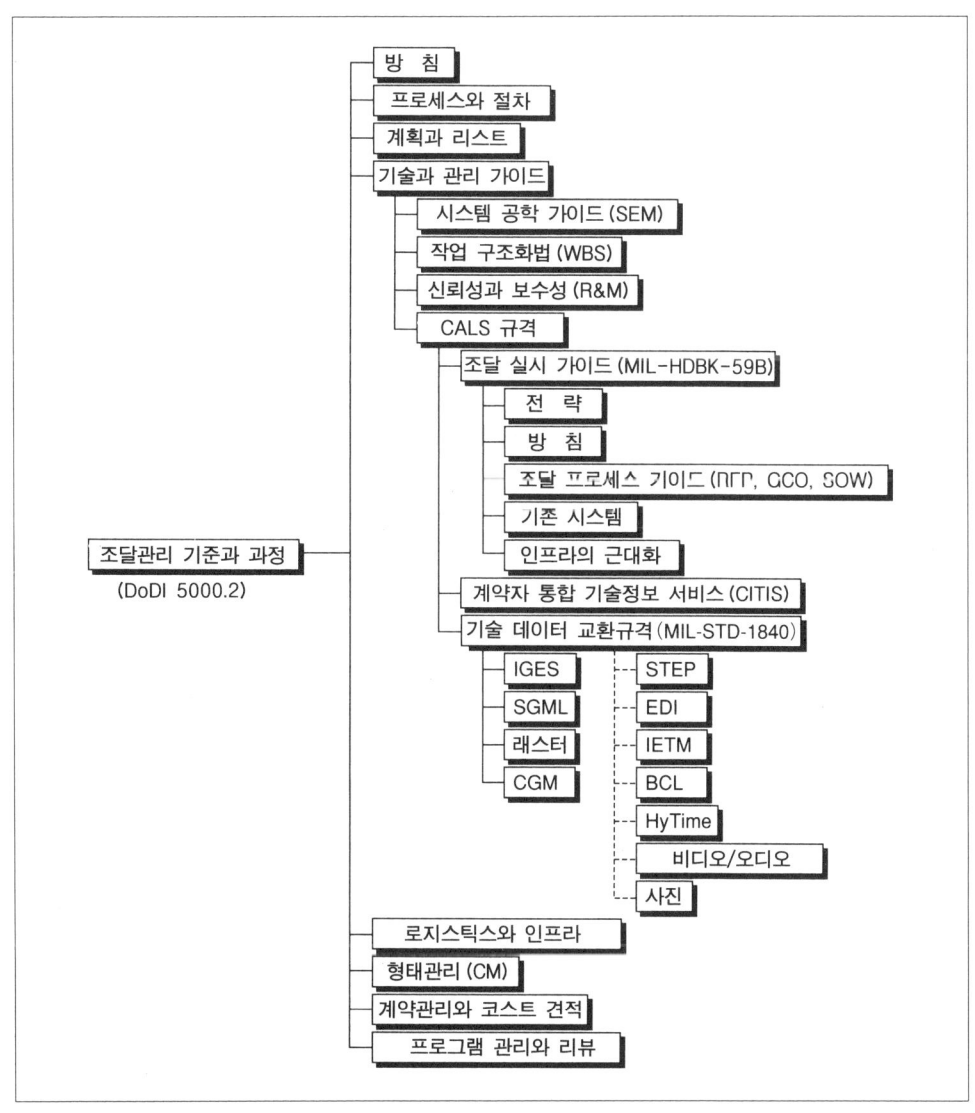

그림 4.1 CALS 조달관리 기준과 과정

④ **공급측 CALS 실행계획(CALSIP : CALS Implemantation Plan)의 명확화**

계약사양서에 따라 공급측은 제품·시스템의 구축을 위한 CALS 세부 실행계획을 명확히 하여, 조달측에 제시한 후 개발을 실시한다.

이것들이 CALS 실시 메뉴얼의 주요 규정사항이지만, 부수적으로 정부운용구상(GCO) 및 CALS 대응구상(CAC) 등의 작성요령 및 계약이행 행위로서 디지털 형식에 의한 기술정보 서비스 방식, 디지털 정보교환에 이용되는 정보기술 규격 및 조달측과 공급측이 디지털 정보를 공유하기 위한 제품·시스템의 기술관리 규범 등은 **그림 4.1**에 나타낸 바와 같다.

■ CALS 기술정보 서비스 방식의 규격

CALS는 논리적으로 통합된 데이터베이스를 조달측·공급측 쌍방이 공유하며, 온라인에 의한 데이터의 상호 액세스가 가능하게 하는 것을 최종목표로 한다.

CALS 고유의 기술정보 서비스 방식을 「CITIS(Contractor Integrated Technical Information Service : 계약자 통합 기술정보 서비스)」라고 하며, 미국방성(DoD)에서는 이에 관한 규격으로서 MIL-STD-974를 제정하고 있다.

이 규격은 공급측이 계약상 요구된 데이터를 납입하고, 조달측이 전자적으로 액세스하는 것을 가능하도록 계약자 통합 기술정보 서비스(CITIS)가 보유해야 할 기능을 규정하며, 그 기능은 다음의 7가지와 같다.

① **정보 서비스**

조달측의 직무 수행을 위하여 조달자가 CITIS 정보에 직접 액세스가 가능하도록 공급자가 정보 서비스를 제공하여야 한다. 이 정보 서비스에서 요구되는 기능은 다음과 같다.

(1) 유효성 및 편리성

계약 규정에 따라 계약자 통합 기술정보 서비스(CITIS)를 운용하며, 운용에 관계된 전달사항을 조달자에게 전달한다.

(2) 조달자 정보의 보관

조달자가 제공한 정보를 보관하고, 계약자 통합 기술정보 서비스(CITIS)의 운용에 반영한다.

(3) 멀티 유저의 동시 액세스

권한을 부여받은 사용자수만큼 조달측 이용자가 계약자 통합 기술정보 서비스(CITIS)에 동시에 액세스할 수 있어야 한다.

(4) E-Mail

　ITU-T(X.400을 권고) 시리즈의 요건에 따라 E-Mail에 의한 조달측과 공급측 사이에 통신이 가능하다.

(5) 데이터 딕셔너리

　데이터 딕셔너리의 개발은 미국 정부 발행문서 DoD 8320.1-M-1 「표준 데이터 요소의 개발·승인·보수의 절차」에 근거하여 표준화된 순서에 따라 구축한다.

(6) 인터페이스의 적합성

　계약상으로 지정된 조달측 시스템에 적합한 인터페이스를 개발한다.

(7) 통신규약

　데이터 통신은 OSI 규격, TCP/IP 규격(사실상의 표준) 또는 조달측이 승인한 통신규약(비표준)을 사용한다.

(8) 교육/훈련

　계약규정에 따라 조달측에 교육/훈련을 실시한다.

(9) 전화를 통한 지원

　조달측의 문제 해결 지원 및 질의응답을 위하여 전화에 의한 지원을 서비스에 포함한다.

(10) 온라인 헬프(On-line Help)

　계약자 통합 기술정보 서비스(CITIS)에 액세스하기 위하여 필요한 설명 및 사용법에 대한 정보를 온라인으로 제공한다.

② **데이터의 형태관리(Configuration Management)**

　CITIS에는 데이터의 상호 관련성을 유지·정비하고, 데이터의 상태 및 상황을 파악할 수 있는 데이터 형태관리 기능이 포함되어야 한다.

③ **시스템 보전(保全)**

　데이터를 보호하기 위하여 CITIS 시스템 보전 기능을 계약으로 지정한다.

이 CITIS에 요구되는 시스템 보전 기능은 다음과 같다.

(1) 액세스 통제

　조달측이 인증한 사람만이 허가된 데이터 또는 응용계에 액세스 가능하다.

(2) 바이러스 방지 기능

　바이러스로부터 데이터를 보호한다.

④ 데이터 인덱스(Data Index)

CITIS에는 최소한 다음 a.~d.의 데이터 인덱스에 따라 도면 데이터 또는 기술 리포트 데이터의 검색이 가능한 기능을 조달측에 제공하여야 한다.

a. 이름

b. 고유 식별번호

c. 데이터 상태(사용중, 발행, 제출, 승인)

d. 데이터 변경일

⑤ 데이터 교환 규격

원격지간 데이터 전송은 다음 규격을 사용하여 일방 또는 쌍방으로 수행하여야 한다(상세한 내용은 다음에 기술한다).

(1) CALS 교환 규격

미국방성(DoD)이 규정한 규격 MIL-STD-1840에 따른 데이터 전송방법.

(2) 전자데이터 교환(EDI : Electronic Data Interchange)

미연방 정보처리 규격 FIPS161 「EDI」 및 계약으로 지정된 기능요구에 따른 데이터 전송방법.

⑥ 계약자 통합 기술정보 서비스(CITIS)의 핵심 기능

CITIS는 데이터의 액세스 및 납입에 관하여 다음의 기능을 제공하여야 한다.

(1) 수령확인 통지

조달측이 데이터 납입에 대하여 전자적으로 수령확인을 통지한다.

(2) 승인/부인

조달측이 데이터의 승인 또는 부인을 전자적으로 실시한다.

(3) 코멘트

CITIS 데이터에 대한 조달측의 코멘트를 반영한다.

(4) 납입통지

새로운 CITIS 데이터가 납입된 사실을 공급측에서 조달측에 전자적으로 통지한다.

(5) 데이터 수신

조달측이 송신한 데이터를 공급측에서 전자적으로 수신한다.

(6) 데이터 검색

조달측에서 명칭, 고유의 식별번호 등의 데이터 인덱스에 따라 도면 데이터 또는 기술 리포트 데이터의 보관장소를 검색하여 사용자에게 제시한다.

(7) 데이터 보존

　　조달측이 지속적으로 사용하는 데이터를 리얼타임상의 저장장소로 지시하며, 보관·관리한다.

(8) 데이터 표시

　　조달측에게 CITIS 데이터를 리얼타임으로 나타낸다.

㉑ **계약자 통합 기술정보 서비스(CITIS)의 임의 선택 기능**

(1) 응용계

　　계약으로 지정하는 경우에는 조달측이 공급측의 응용 소프트웨어를 사용할 수 있는 권리를 조달측에게 제공한다.

(2) 아카이브(Archive)

　　조달측의 오프라인(Off-line)의 데이터를 보존·관리한다.

(3) 결합(Combine)

　　조달측에서 새로운 정보를 생성하기 위하여 데이터를 결합할 수 있는 기능을 제공한다.

(4) 다운로드(Download)

　　조달측에서 CITIS 데이터 이용을 위해 도면 데이터 또는 기술 리포트 데이터를 불러들인다.

(5) 편집(Edit)

　　조달측이 프린트 또는 그 외의 사용목적을 위하여 도면 데이터나 기술 리포트 데이터를 복제·조작 또는 변경을 한다.

(6) 송부(Forward)

　　조달측 이용자 간에 CITIS 데이터를 송부한다.

(7) 패키지(Package)

　　조달측에서 공동의 이름으로 데이터를 집단화한다.

(8) 조회(Query)

　　조달측에서 계약에 따라 지정된 SQL 등과 같은 규격 표준 조회언어 또는 조달측이 승인한 조회언어를 이용해서 도면 데이터, 기술 리포트 데이터 및 데이터 항목을 요구한다.

(9) 분류(Sorting)

　　조달측에서 지정한 데이터 인덱스에 의해서 데이터를 분류한다.

(10) 특정 이용자 집단의 설정(User Grouping)

비공식적인 훈련 또는 문제해결 촉진을 위해 조달자측의 특정 이용자 집단을 설정한다.

CALS에 이용하는 정보기술 및 툴의 규격

CALS에서 디지털 정보의 교환에 이용하는 정보기술 또는 툴의 규격(메타파일 규격, 통신 규약 등)은 여러 종류가 있으며, 이미 전술한 바와 같이, 인프라 정비상황 또는 조달측의 디지털 정보의 운용구상 등에 따라 변화된다. 따라서, 여기에서는 현재 CALS 선진국에서 사용되고 있는 정보기술 규격 및 사용이 예정된 정보기술 규격 중에서 대표적인 것을 소개한다.

(1) 문서정보

CALS에서 복수 조달자 및 공급자 간에 디지털 문서의 교환을 가능하도록 하기 위해서는 개방형 문서체계가 필요한데, DoD(미국방성)에서는 이를 위한 규격으로서 문서기술 언어 SGML(Standard Generalized Markup Language : 표준 마크업 언어)을 사용할 것을 규정하였다(MIL-M-28001).

SGML은 서로 다른 언어를 이용한 시스템 간의 문서정보 교환 및 동일언어를 이용한 경우에도 여러가지 방법으로 처리된 문서교환에 적용할 것을 목적으로 하여 1986년에 국제표준화기구(ISO : International Organization for Standardization)가 ISO 8879로서 제정한 문서 기술언어이다. 일본에서도 1992년에 JIS X 4151 「문서기술언어 SGML」로서 제정되었다.

SGML 문서는 논리적으로 구조화된 문서이다. 즉, 워드프로세서 작업에서 제일 먼저 편집, 문서의 조판 등과 같은 물리적인 요소를 제외한 문서의 정보(내용) 및 논리구조를 규정한 것이라고 할 수 있다. 예를 들면, 전형적인 문서작성 순서는,

① 문서의 용지 사이즈를 결정한다.
② 표제(타이틀)를 결정한다.
③ 문서의 구성을 생각한다.
④ 내용을 작성한다.
⑤ 페이지 구성, 편집을 결정한다.
⑥ 인쇄한다.
이지만, SGML의 문서 작성시에는 ①, ⑤는 필요가 없게 된다.

  그러나, SGML 문서에서는 문서의 논리구조를 명확하게 하기 위하여 문서형 정의(DTD : Document Type Definition)를 규정하며, DTD로 지정하는 논리적인 요소명에 의한 태그(Tag)를 사용하여 문장내에 마크를 표시한다. 이것이 논리적으로 구조화된 문서인 것이다. 그리고, 문서에서 사용되는 기호 및 문자 등을 설정하는 SGML 선언이 필요하다.

  이러한 방식으로는 현재의 문서작성보다 대단히 복잡한 것으로 생각되지만, 이용자 측에서 보면 재입력할 필요가 없어지게 되고, 작성 후 편집이 자유롭다라는 이점이 있다. SGML 문서는 재이용을 고려하여 작성되는 문서에 적합하다. 즉, 재이용과 공유화의 필요가 없는 문서는 SGML 문서로 작성할 필요가 없다고 할 수 있다.

  SGML의 적용분야는 다음의 5가지로 생각할 수 있다.

① 컴퓨터에 의한 자동출판

② 전자출판

③ 데이터베이스 출판

④ 전자 데이터 교환(EDI)

⑤ 데이터 교환을 위한 중간언어

  한편, SGML 문서에서는 레이아웃(Layout)이 정의되어 있지 않기 때문에 문서의 물리적 양식, 출력양식은 별도로 정의할 필요가 있다.

  SGML 문서의 구조와 종래의 문서를 비교한 내용이 **그림 4.2**에 있으니 참조 바란다.

  문서양식을 규정하는 언어의 국제규격으로서는 DSSSL(문서양식 정의언어 : Document Style Semantics and Specification Language)이 ISO 10179로서 규정되어 있으며, 출력정의를 규정하는 언어의 국제규격으로서는 SPDL(표준 페이지 정의언어 : Standard Page Description Language)이 ISO 10180으로서 제정되어 있지만, CALS에서는 문서양식 정의 및 출력정의언어를 특별히 지정하고 있지 않다.

  CALS는 교환할 문서의 기술 시방만을 규정하며, 문서의 지정서식·포맷 등에 의한 표시·인쇄는 SGML에 적합한 출력형식 사용요구(FOSI : Formatting Output Specification Instance), 페이지 기술언어(PDL : Page Description Language) 등을 사용하여 실현한다.

  한편, 조달측과 공급측 사이에서 교환되는 문서는, 현재는 조달측이 지정하는 서식에 따르는 일이 많지만, CALS 도입 후에도 종래의 업무처리에 따른다고 하면, SGML 문서용의 DTD를 조달측이 공급측에 제시하며, 공급측은 제시된 DTD에 따라 문서를 작성하게 된다.

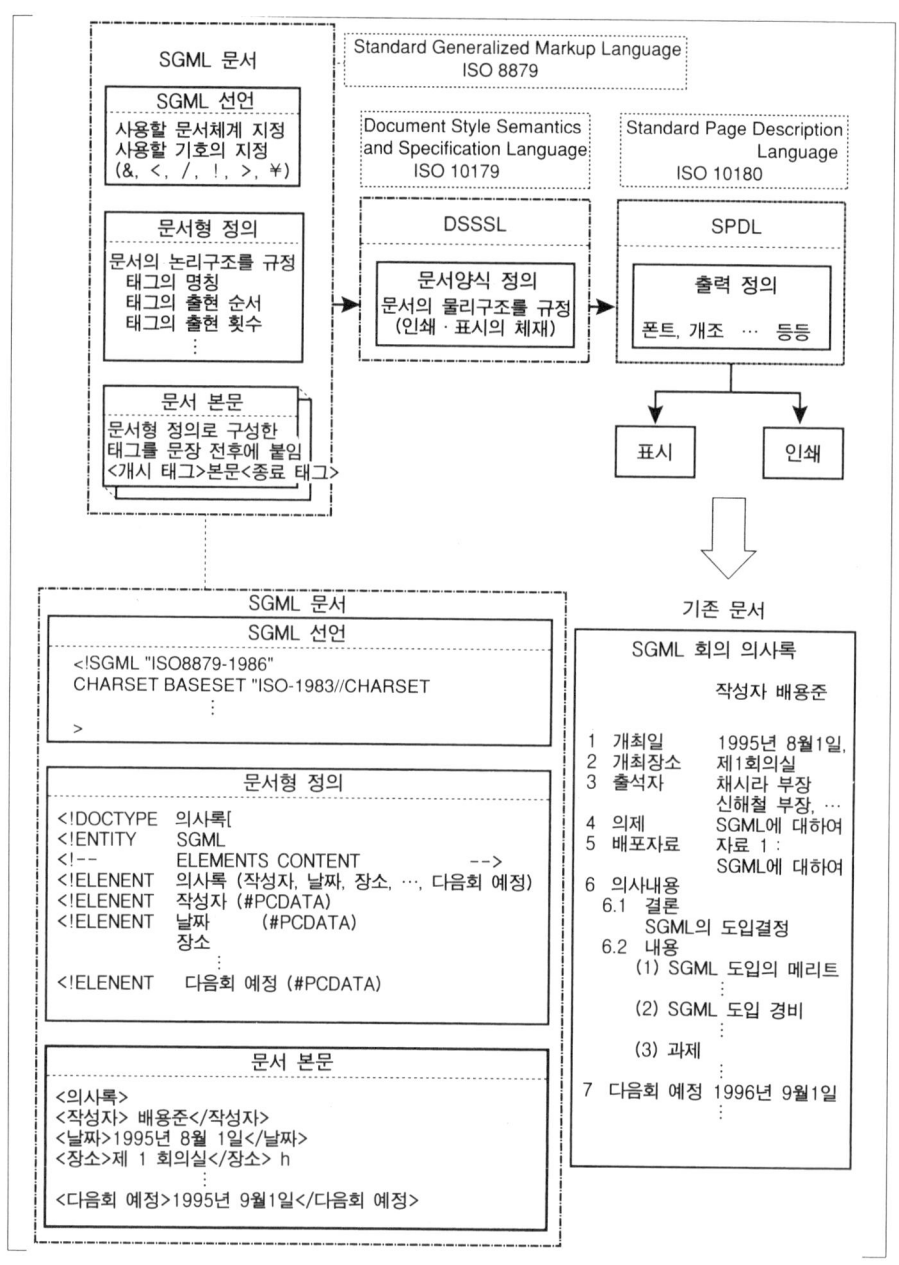

그림 4.2 SGML 문서 구조와 기존문서의 비교

따라서, 같은 종류의 문서도 조달자에 의해 서식이 달라질 수 있으며, 이러한 현상을 방치한 채로 DTD를 개별적으로 규정하는 방법도 가능하지만, CALS를 효과적으로 도입하기 위해서는 표준적인 DTD를 설정하는 것이 좋다(이와 관련하여, DoD가 규정한 MIL-M-28001에서는 미군이 사용하는 각종 기술교본 즉, 기술 메뉴얼·취급

설명서의 작성에 규정된 DTD 사용을 의무화하고 있다).

또한, 현재의 CALS에서는 문서의 디지털화에 SGML을 사용하고 있지만, 문서의 디지털화에 필요한 기술정보 이용방법도 대화형의 보다 동적인 이용법이 요구되고 있어, 멀티미디어 정보의 표현이 가능한 하이퍼미디어화 언어도 사용될 것이다. 하이퍼미디어화 언어의 규격은 ISO 10744가 국제규격으로 제정되어 있다(일본에서도 JIS X 4155로 제정되어 있다).

(2) 제품 · 설계정보

현재의 CALS에서는 공인된 제품 모델의 데이터 교환을 위한 통합규격이 제정되어 있지 않기 때문에, 도면, 화상 파일 등 개개의 데이터 형식별로 표준양식에 의한 데이터 교환을 규정하고 있다. 여기에서는 CALS에서 제품 · 설계정보의 교환에 이용되는 규격으로서, (초기 그래픽스 교환사영)IGES, 2진수 표현에 의한 래스터(Raster) 도형 표현, 컴퓨터 그래픽스 메타파일(CGM), 전자설계 교환 형식(EDIF), 디지털 형식에 의한 인쇄 기판기술, 초고속 집적회로 하드웨어 기술언어(VHDL)의 개요에 대해 소개한다. 또한, 차세대의 제품모델 교환규격으로서 국제규격화 기구에서 심의 중인 STEP(ISO/IEC 10303)에 대해서도 설명한다.

① 초기 그래픽스 교환방식(IGES)

CALS에서는 서로 다른 CAD 시스템 간의 제품 데이터의 교환용 표현으로서 MIL-D-28000을 제정하고 있다. 이 규격은 미국기계학회(ASME)의 Y14.26M 규격인 IGES의 부분 접합으로 주로 기계의 도면 데이터 교환에 사용된다.

IGES는 다음의 5종류의 클래스로 구성되어 있다.

① 클래스 : 기술 일러스트레이션 부분집합

② 클래스 : 기술 도면 부분집합

③ 클래스 : 전기/전자 응용 부분집합

④ 클래스 : NC(Numerical Control : 수치제어)용 부분집합

⑤ 클래스 : 3차원 배관 응용 규약

한편 ③ 클래스의 전기/전자 응용 부분집합은 상용화가 진행되지 않아 삭제될 예정이다.

현재, 상이한 CAD/CAM 시스템 사이의 데이터 교환에는 IGES가 많이 이용되지만, IGES의 요건이 후술할 STEP(Standard for the Exchange of Product Model Data : 제품 모델 데이터 교환규격) 규격에 포함되어 있기 때문에, 향후에

는 단계적으로 제품 모델의 데이터 교환을 위한 통합규격인 STEP 규격으로 이행
될 것이다.

② **2진수 표현에 의한 래스터 도형사양**

　　CALS에는 문서 및 화상 데이터를 2진수 표현형식으로 기록·교환하기 위한
규격을 MIL-R-28002으로 규정하여, 디지털 형식에 의한 화상 파일의 축적, 보
존, 검색, 인쇄에 운용하며, 표시의 자동화에도 이용한다.

　　래스터 도형의 표현형식은 문서 및 일러스트의 이미지 그대로 보관·교환하기
위한 규격으로, ISO/IEC 8613-7의 국제규격으로서 제정되어 있다(일본에서도
JIS X 4107 개방형 문서체계 제7부 래스터 도형 내용계로서 제정되어 있다).

　　한편, CALS에서는 래스터 도형 표현형식이 문서 및 일러스트의 디지털화는
용이하지만, 디지털화된 정보의 재이용에는 제한이 있기 때문에 가능한 사진·도
면·일러스트 등에 SGML, IGES, CGM 등을 우선적으로 사용할 것을 권장하
고 있다.

③ **CGM(컴퓨터 그래픽스 메타파일)**

　　CALS에는 2차원 도형 또는 벡터형식으로 표현되는 컴퓨터 그래픽스용의 메
타파일 규격으로서 MIL-D-28003을 규정하였다. CGM(Computer Graphics
Metafile)은 제품·시스템의 기술설명서, 보수설명서 등에서 사용되는 기술적인
일러스트 교환에 이용된다.

④ **EDIF(전자설계 교환 형식)**

　　CALS에는 여러 종류의 전자계 CAD 하드웨어, 소프트웨어 간의 설계 데이터
교환에 미국 전자공업회(EIA : Electronic Industries Associations)가 규정한
전자설계 교환형식(EDIF : Electoronic Design Interchange Format)(ANSI/
EIA 548) 규격의 적용을 지정하고 있다.

　　EDIF의 특징은 전자시스템의 설계와 제조를 모두 지원하는 것으로 시뮬레이
션 모델, IC(Integrated Circuits : 집적회로)의 배치 등 전자설계에 관한 모든
정보를 취급한다.

⑤ **디지털 형식에 의한 인쇄기판 기술규격**

　　CALS에는 인쇄기판 제품에 대한 제조 및 검사에 필요한 정보를 기술하는 형
식으로 전자회로의 상호 접속 패키지협회(IPC : Institute for Interconnecting
and Packaging Electronic Circuits)가 규정한 디지털형식에 의한 인쇄기판 기
술형식(IPC-D-350)의 적용을 지정하고 있다. 이 기술형식은 80문자로 표현하는

기록형식으로 설계부문과 제조부문 사이에서 정보전달, NC 머신을 포함한 제조 공정 등에 이용된다.

⑥ 초고속 집적회로 하드웨어 기술언어(VHDL)

CALS에는 초고속 집적회로(VHSIC : Very High Speed IC)용 기술언어로서 미국 전기전자 기술자협회(IEEE : Institute of Electrical and Electronics Engineers)가 규정한 VHDL(VHSIC Hardware Description Language : VHSIC 하드웨어 기술언어) (ANSI/IEEE 1076)의 사용을 지정하고 있다.

VHDL은 톱다운에 의한 시스템 설계, 커스텀칩 설계, 특정 용도용 IC(ASIC : Application Specific IC) 라이브러리 개발 등에 이용된다.

⑦ 제품 모델 데이터 교환규격(STEP)

제품 모델 데이터의 교환규격(STEP)은 도면 데이터뿐만 아니라 제품·시스템 의 설계에서 제조, 운용·보수 그리고 폐기까지의 전 공정을 포함한 제품 데이터 를 상이한 시스템 사이에서 교환 및 공유하기 위해 국제표준화기구에 의하여 ISO/IEC 10303으로 제정 작업이 추진되고 있는 규격이다. 현재 제1판으로서 규 격의 일부(12파트)가 제정된 단계이며, 제품 모델 데이터의 교환 규격으로서는 아직 실용화 단계까지는 이르지 못하기 때문에, CALS에서의 제품 모델 데이터 교환 규격으로서는 채택되지 않고 있다.

STEP 제정의 배경에는 전술한 IGES 등의 현재 보급되어 있는 교환 규격의 한계가 있다. 예를 들면, IGES에서는 데이터가 완전하게 교환되지 않는 등의 결점이 지적되고 있다(데이터 교환 시스템의 개발자가 IGES 규격에 따라서 시스 템을 작성할 때에는 IGES 규격을 직접 해독할 필요가 있어, 이 과정에서 개발자 에 따른 해석의 차가 발생될 가능성을 배제할 수 없는 것도 하나의 원인이다).

STEP는 IGES의 한계를 극복하고, 도면뿐만 아니라 제품을 제조하는 공정을 포함, 통합적으로 제품에 관한 데이터를 교환하기 위한 규격을 목표로 한다. 이 규격의 특징은 다음의 두 가지와 같다.

① 형식시방 기술언어인 EXPRESS를 이용한 시방의 기술(명확한 기술)
② 레퍼런스 모델 형식의 사용.

STEP의 이용시에는 응용 분야별로 규정된 응용 규약에 따른다. 규격문서는 파트 구성으로, 예를 들면 EXPRESS 언어의 레퍼런스 메뉴얼은 ISO 10303-11 과 같이 하이픈(-) 다음에 파트 기호를 부여하고 있다. 응용 규약은 파트 번호가 200번대로 명시적 제도, 3차원 제도, 구성관리 설계, 자동차, 조선, 건축, 플랜트 등이 계획되어 있으며, 매년 산업계의 제안에 따라 증가하고 있다.

현재, 국제규격으로서 제정된 것은 명시적 제도 및 구성관리 설계이다. 이 규격은 각각의 규격 특징이 시대적 요구를 반영하고 있으며, 현재 STEP의 구상에 따른 프로토타입이 각국에서 구축되어 평가되고 있으므로 곧 실용화 시스템이 등장할 것이다.

(3) 전자 데이터 교환(EDI)

전자데이터 교환(EDI : Electronic Data Interchange)란 「서로 다른 조직 간의 거래를 위한 정보를 네트워크를 통하여, 표준적인 규약에 따라 컴퓨터간에서 교환하는 것」이며, 하나의 기업계열내 뿐만 아니라 다른 기업 간에도 EDI를 사용하여 광범위하게 상거래를 실시할 것을 목적으로 하는 교환규약이다. 이것을 실현하기 위해서는 기업마다 상이한 전표양식 및 코드 번호 체계 등의 비즈니스 프로토콜의 표준화가 필요하며, CALS 구현에서도 중요한 규약이다.

EDI에 관한 규약에 대해서는 세계 각국에서 여러 방법으로 대응하고 있지만, CALS 선진국인 미국은 70년대 후반에 운수, 식품업계의 업계규약이 제정되었고, 모든 업계를 포함한 표준 EDI 작성이 미국규격협회(ANSI), 운수, 자동차업계를 중심으로 진행되어 ANSI X.12로서 제정되었으며, CALS 운용의 EDI 표준규격으로 채택·사용되었다. 한편, 80년대 후반부터 ANSI X.12가 보급됨에 따라 업계별로 EDI가 전개되었으며, 미국에서는 1997년까지 CALS 추진의 일환으로 모든 정부조달을 EDI로 실시한다고 결정되었다.

유럽에서는 UN의 유럽경제위원회 제4 작업부회(UN/ECE/WP4)가 개발한 EDI FACT(Electronic Data Interchange For Administration Commerce and Transport : 행정기관, 상업, 운수를 위한 전자 데이터 교환)라고 하는 규약(ISO/JTC1에서 검토되어 ISO 7372 및 ISO 9735로서 국제규격에 등록되어 있다)에 따라 EDI화가 진행되고 있다.

일본에서는 각 기업이 독자적인 방식에 따라 정보교환의 전자화를 실시하고 있지만, 업계 단위로의 표준화(70년대의 금융업계, 80년대의 유통업계)가 진행됨과 함께 산업정보화 추진 센터가 일본의 각 업계별 EDI 표준화·통합화를 추진하여 EDI FACT와의 호환성을 고려한 CII(Center for the Informatization of Industry : 일본 정보처리개발협회·산업 정보화 추진 센터) 표준을 제정하였다.

한편, 통신사업자의 경우에 일본에서는 800사 이상의 각종 VAN 사업자가 경합하여 사업자별로 특정 서비스를 낮은 가격으로 제공하여, 네트워크의 구축에 큰 역할을 수행하였지만, 이것이 역으로 표준규약에 의한 EDI의 필요성을 감퇴시켜, EDI 규격에 대한 중요성의 인식저하 및 대응 지연의 한 요인이 되고 있다.

그리고, 전자 데이터 교환(EDI)에 의한 전자 상거래의 문제점으로서, 거래 성립시점의 결정 등과 같은 법제면의 정비 및 시스템, 데이터의 시큐어리티 문제가 대두되고 있다.

(4) 통신 네트워크/프로토콜

CALS의 디지털 정보통신을 위한 프로토콜은 각각의 계약으로 지정되지만, 다음 중의 하나를 사용하도록 하고 있다.

① 국제규격 ISO 7498에 의한 개방형 시스템 상호접속(OSI : Open Systems Inter-connection)계에 따른 프로토콜

② 업계 표준의 전송제어/인터넷 프로토콜인 TCP/IP RFC-793/RFC-791에 따른 프로토콜

상기와 다른 비표준 프로토콜을 사용할 경우에는 계약으로 규정하지만, 이러한 경우에도 희망자 측이 비표준 프로토콜을 사용하는 이론적 근거와 정당성의 이유를 명확히 하여 상대방에게 제시할 의무가 있다. 그리고, 모든 조달자와 공급자 간에서 기술정보를 디지털 정보로 온라인 전송하는 것은 기술적으로는 가능하지만, 현재의 통신회선망으로는 용량적으로도 어려운 과제이기 때문에 통신회로망의 충실이 요구된다.

▌▌ 기술관리 규격

제품·시스템의 조달업무에 CALS를 도입함에 따라 가장 기대되는 효과는 조달측과 공급측이 디지털 정보를 공유하여 기능적으로 통합화된 설계, 개발, 제조환경을 구축하고, 조달측과 공급측의 공동작업을 촉진하는 것이다.

한편, 조달측과 공급측이 디지털 정보를 공유하고 공동작업을 실시하기 위해서는 공유하는 디지털 정보가 상호 이해되는 규범에 따라 유지·관리됨이 보증되어야 하며, 이를 위하여 다음의 기본적인 기술관리법을 조달측·공급측 쌍방이 준수해야 한다.

(1) 시스템 공학관리(SEM)

시스템 공학관리(SEM : System Engineering Management)에 관한 표준으로서

는 미국에서 방위 장비품 조달에 사용된 DoD(미국방성)의 기술관리 규격(MIL-STD-499)이 있다. 이 규격에서는 공급측이 대상으로 하는 제품·시스템의 개발을 정확하고 확실하게 실시하기 위해서는 시스템 공학관리 계획(SEMP : SEM Plan)을 수립하여 대응하여야 한다고 규정하고 있다. 또한, 조달측이 요구하는 경우에는 공급측은 조달측에 의한 시스템 공학관리 계획의 심사를 받아야 한다.

시스템 공학관리 계획에는 다음의 내용이 포함되며 명확화되어야 한다.

① 제품·시스템 개발의 관리체제 및 관리내용

(1) 제품·시스템 개발의 관리체제(하청업자의 개발관리도 포함)

(2) 기능 및 설계요구 사항의 관리 레벨 및 관리방법

(3) 도큐먼트 관리체계

② 제품·시스템 개발에 적용하는 공학적인 방법

(1) 대상으로 하는 제품·시스템에 대한 요구시방에 따라 조정하고, 선택 사용하는 공학적 수법 및 절차

(2) 시스템 및 코스트 효과를 평가하기 위한 수학적 모델 또는 해석 모델의 형식

(3) 시방의 계층화 및 트레이드 오프의 방법론

③ 전문화된 공학적 방법의 체계적인 융합 및 조정 기준

기술/기능의 최적화를 도모하기 위한 전문화된 공학적 방법의 시스템 공학적인 융합을 실시하기 위한 기준

(2) 업무처리의 구조화 관리(WBS)

업무처리의 구조화관리(WBS : Work Breakdown Structure)란 제품·시스템을 구성하는 하드웨어, 소프트웨어, 서비스, 정보 및 설비 등을 체계화하여, 부수적으로 수행해야 할 업무처리 내용을 명확하게 관리하는 것이다.

업무처리의 구조화관리에 관한 표준으로서는 미국에서 방위 장비품의 조달에 사용된 미국방성의 업무처리의 구조화 관리규격(MIL-STD-881)이 있다. 이 규격에는 공급측을 대상으로 하는 제품·시스템의 개발·운용에 관련된 업무처리의 구성요소를 기술제안의 단계에서 명확히 하여 조달측에 제시하며, 계약을 통해 조달측과 공급측이 상호 양해하여 확정·수행해야 한다는 것을 규정하고 있다.

그리고, 업무처리의 구성요소(정의, 수법)를 표준화하여 각각의 계약에 따라 제공되는 여러 데이터 간의 호환성이 도모된다는 것을 조달측/공급측 쌍방이 인식하고 대응해야 한다.

(3) 구성관리(CM)

구성관리(CM : Configuration Management)란 제품·시스템의 개발에서부터 운용/정비지원까지의 제품·시스템의 라이프사이클에서 모든 활동을 통해 제품·시스템의 베이스라인을 적절하게 관리·유지하여 관련된 모든 업무를 가장 경제적이고 효과적으로 하기 위한 관리수법을 말한다.

CM에 관한 표준으로서는 미국에서 방위 장비품의 조달에 사용되고 있는 미국방성의 구성관리 규격(MIL-STD-973)이 있다.

이 규격에서는 공급측이 대상으로 하는 제품·시스템의 CM을 적시에 정확하게 실시하기 위하여 다음의 사항을 명기한 CM 실시계획을 수립하고, 대응하여야 한다고 규정하고 있다.

① 구성관리 체제
② CM 품목의 선정과 식별(베이스라인의 명확화)
③ CM 품목의 베이스라인 변경의 통제 및 관리법
④ CM 품목의 제조 이력 데이터 수집 및 관리법

CM은 제품·시스템의 개발 단계에서부터 시작된다. 개념설계에 의하여 제품·시스템 전체의 「기능 베이스라인」을 결정하고, 기능 배분에 따라 「배분 베이스라인」을 규정하며, 상세설계에 의하여 「제조 베이스라인」을 규정하여 이후의 변경관리의 기준으로 사용한다(베이스라인을 적절하게 유지·관리함으로써 제품·시스템의 개발 및 운용을 가장 경제적이고 효과적으로 실시할 수 있다). 그리고, CM을 정확하게 하기 위해서는 조달측의 제품·시스템의 운용 단계에서도 조달측이 똑같은 이력관리를 실시하여, 조달측과 공급측이 공유하는 정보가 되도록 하여야 한다.

(4) 로지스틱스 지원 해석(LSA)

여기에서 말하는 로지스틱스라는 것은 물류관리를 중심으로 한 협의의 로지스틱스가 아니라, 제품·시스템의 운용 단계에서 보수 부품의 제공을 비롯한 모든 정비를 지원하는 구상을 포함하는 넓은 의미의 로지스틱스이며, 로지스틱스 지원 해석(LSA : Logistic Support Analysis)은 이러한 정비지원 구상을 제품·시스템의 운용에서 최소 코스트(개발 코스트＋운용 코스트)로 실현하기 위한 해석 방법이다.

LSA에 관한 표준으로서는 미국에서 방위 장비품의 조달에 사용하고 있는 DoD(미국방성)의 LSA 규격(MIL-STD-1388-1) 및 로지스틱스 지원 해석 기록(LSAR : Logistic Support Analysis Records)의 규격(MIL-STD-1388-2)이 있다.

LSA의 규격에서는 LSA를 실시하는 순서가 규정되어 있으며, 다음의 순서로 되어 있다.

① 제품·시스템에 대한 운용 미션과 이론적으로 정립된 운용 지원성의 책정

② 제품설계와 상호관련된 제품·시스템의 보급·정비구상의 명확화

③ 제품·시스템의 운용시에 필요한 지원활동의 명확화

④ LSA 데이터의 정비

또한, LSAR의 규격에는 LSA 결과로서의 기술정보의 디지털 데이터 형식이 규정되어 있다.

LSA는 제품·시스템의 개발 단계부터 시작된다. 개념설계시에 운용 미션에 적합하게 제품·시스템 전체의 MTBF(평균고장 간격)와 MTTR(평균고장 회복시간)을 결정하여, 기능 배분에 따른 신뢰도 배분, 상세설계시 제품·시스템의 운용 단계에서의 교환단위인 보수 부품의 설정 등, 항상 제품·시스템의 개발·설계작업과 연대하여 추진할 필요가 있다.

제 **5** 장

기업통합(EI;Enterprise Integration)

이 장에서는

기업통합(EI;Enterprise
Integration)의 정의와 CALS,
JCALS, JEDMICS와의 관련을
설명하고, EI가 무엇인가를 나타낸다.
또한, EI를 지원하는 기관,
EI에 관련된 정보의 입수방법도
소개한다.

1 EI에 대해서

(1) 기업통합(EI)이란?

　현대는 글로벌 경제세계라 할 수 있다. 통상적으로 유통·판매되고 있는 전자제품 및 공업제품, 서비스는 세계의 모든 지역에서 생산된 것이다.

　국제경쟁, 국제무역, 국제합병, 국제적 협력관계가 증대됨에 따라 조직간의 긴밀한 협조 및 공동작업이 증대되고 있으며, 조직의 글로벌 전략이 중요하게 인식되고 있다.

　어떤 경우에는 글로벌 전략이 국내·국제에 관계없이 폐쇄된 조직내의 LAN과 같은 내부적인 커뮤니케이션을 의미하지만, 여기에서는 모든 조직내·외의 환경을 연결시켜 작업을 완수하는 것을 의미한다.

　예를 들면, 미국의 군 및 민간 항공기회사를 주요 고객으로 하는 제트엔진 제조회사인 PRATT & WHITNEY사는 세계 속의 644개 협력업체와의 연간 13만건의 구매와 45만건의 거래 전표의 프로세스를 간소화하기 위한 글로벌 전략으로서 EC/EDI를 도입하여, 거리 및 시간대, 언어 장벽에 의한 거래의 악영향을 극복하였다.

　기업통합(EI)은 어떤 한 기업 조직에서 타 기업으로 시기 적절하게 그리고 지속적인 데이터 프로우를 추구하기 위하여, 조직의 프로세스와 정보의 벽을 제거하는 개념이며, CALS가 표준기술의 사용과 프로세스의 개선 및 정보기술의 이용이라는 의미에서 EI를 추진하기 위한 글로벌 전략으로 생각할 수 있다.

　EI에는 다음의 세 가지 주요 요소가 있다.

① 물리적인 통합

　　하드웨어, 소프트웨어, 네트워크의 접속을 의미한다.

② 데이터의 통합

　　데이터 손실이 없는 신속한 데이터 변환을 의미한다.

③ 비즈니스의 통합

　　비즈니스의 결정/감시/컨트롤을 지원하기 위하여 필요한 각종 기능과 작업, 조직의 통합을 의미한다.

　또한, EI에 의한 이익은 다음과 같다.

① 비즈니스 의사결정 능력의 개선

② 데이터 입력과 데이터 에러의 삭감

③ 모든 데이터에 액세스 가능

④ 비즈니스 파트너와 보다 확장된 정보 교환

⑤ 코스트 절감

⑥ 제품 개발시간의 단축

⑦ 보다 확장된 병렬 프로세스 환경의 제공

그리고, EI의 최대 이익은 상거래를 하는 그룹 간의 파트너쉽 강화이다.

(2) CALS에서는 어떻게 하여 EI를 달성하는가?

CALS에서는 EI를 달성하기 위하여 다음의 두 가지 접근방법을 사용하고 있다.

① 비즈니스 프로세스의 효율화 및 정보기술의 적용

② 표준기술 적용

미해군의 이지즈 구축함 프로그램은 경쟁관계에 있는 조선업자 및 서브 컨스트럭터(Sub constructer)와 이지즈 구축함 프로그램을 관리하는 오피스간의 긴밀한 협력이 요청되었다. 그리고, 이 프로젝트에는 30매 이상에서 2,500매에 이르는 도면이 사용되었다.

관련된 각 조직은 각기 다른 버전의 CAD 시스템을 사용하고 있으며, 어떤 한 그룹에서 다른 그룹으로 도면을 전달할 때에는 반드시 복사와 재입력이 필요하였다. 이와 같은 경우에, 이지즈 프로젝트에서는 3차원 포맷도 포함하여 모든 CAD 도면의 변환을 위하여, 표준 파일 포맷을 설정함으로써 각 조직 간의 데이터 전달 손실 없이 현행 시스템을 사용하면서도 도면을 변환·수정할 수 있었다.

① 비즈니스 프로세스의 효율화 및 정보기술의 적용

비즈니스 프로세스의 효율화란 가능한 가장 효율적인 방법으로 작업을 실시하는 것을 의미한다. 비즈니스 프로세스의 효율화는 조직의 현재 비즈니스 프로세스를 as-is(현상) 모델로서 검증한 후, 불필요한 스텝을 삭제함으로써 달성된다.

불필요한 스텝이 삭제된 조직은 자동화 프로세스로 이행이 가능하다. 비즈니스 프로세스의 효율화를 실시하지 않으면, 비효율적인 프로세스를 단순히 자동화하는 것만으로 종료될 위험이 있다. 기술 그 자체만으로는 비즈니스상의 문제를 해결할 수 없다. 조직의 프로세스와 효율화를 선도하는 사람에 의해 기술 실현이 좌우된다고 할 수 있다.

여기서 조직 전체를 통한 비즈니스 프로세스 효율화와 정보기술의 적용사례로서 미국방성(DoD)의 CALS 추진의 기함 프로그램(Flagship Program)인 JCALS(Joint CALS) 시스템의 워크프로우 관리와 비즈니스 프로세스의 효율화에 대하여 설명한다.

JCALS는 수많은 조직, 주계약자, 서브 컨스트럭터가 관련된 대규모의 프로 젝트이다. 소규모의 환경에서는 수취자는 어떤 내용의 파일이 전송되어 와서, 이에 관한 내용을 파악한 후에 다른 사람에게 파일을 전송한다. 그러나 수백명의 작업자, 수천의 작업 및 파일이 있는 제조현장에서는 임의의 특정 파일의 경로를 추적하는 것은 불가능하며, 혼돈 상태가 되어 버린다.

어느 하나의 작업을 컴퓨터를 사용해서 경로를 결정하여 변환하고, 추적하는 것은 CALS 실시의 본질적인 요소이며, JCALS의 기본적인 소프트웨어 중의 하나이다. JCALS 워크프로우(workflow) 관리자는 할당된 작업 및 파일의 추적, 작업 프로세스의 지원 및 관리를 수행한다. 이 툴은 조직과 조직 사이에서 유저가 작업의 흐름을 결정하고, 배분하며, 감시하는 것을 가능하게 한다. 각각의 전자화된 워크 폴더(Work Folder)는 작업 내용, 작업 실행에 필요한 파일, 작업 실시에 필요한 유저 또는 조직에 배분된 폴더의 경로 정보를 포함한다. 그리고, 워크 폴더 관리자는 많은 메뉴얼의 운용을 절감시키며, 보다 우수한 프로젝트 감시와 통제를 가능하게 한다.

② **표준기술의 적용**

현재는 수많은 하드웨어 플랫폼과 수많은 소프트웨어 애플리케이션이 혼재된 환경에서 작업이 수행되고 있다. 조직 간에 정보 교환을 하고자 하여도, 파일 포맷의 호환성 결여 또는 변환이 불가능한 경우가 흔히 나타난다. 그 결과로, 데이터를 전송받은 조직은 입수한 데이터를 변환하고, 재변환하여 다른 외부 조직으로 송부하여야 한다.

표준, 또는 중간 파일은 각각의 하드웨어 및 소프트웨어의 포맷에 의존하지 않고, 각 포맷이 포함하는 모든 정보를 전송할 수 있다. 다른 시스템의 데이터 포맷으로 변환하고 싶은 유저는 표준 포맷으로 변환하는 전환 프로그램을 사용하면 된다. 데이터를 전송받은 측에서는 중간 파일에서, 자신의 소프트웨어에 적합한 포맷으로 변환을 실시한다. 표준은 조직간의 보다 효율적인 정보 교환과 공유를 위한 연결 도구인 것이다.

전술한 PRATT & WHITNEY사의 사례에서도 EDI의 표준 기술이 중요한 역할을 수행하였다. EDI화가 수행됨에 따라 사람의 직접 의사 전달, 종이의 사용, 데이터 재입력의 필요가 없어졌다. 1회 30달러의 비용이 소모된 구매 프로세스가 10달러로 절감되었으며, 전 프로세스의 25~30%에 상당하였던 정보의 재입력 작업을 대폭적으로 개선할 수 있게 되었다.

티의 사례

(1) JCALS(Joint CALS)

JCALS는 통합 병기시스템 데이터베이스(IWSDB : Integrated Weapon System Database)를 기반으로 하여 병기시스템의 라이프사이클을 관리하는 전체 비즈니스 프로세스의 리엔지니어링(BPR : Business Process Re-engineering)을 제공하는 컨셉이며, CALS의 정보 인프라이다. 또한, JCALS는 미국의 전군을 지원하는 CALS를 실현하기 위한 기함 프로그램(Flagship Program)이다.

종래의 병기시스템에는 운용 및 메인티넌스를 위하여 수톤의 종이 메뉴얼이 사용되고 있으며, 이 메뉴얼 프로세스에서는 빈번하게 데이터의 불일치가 발생하고, 시간이 낭비되는 대단히 비효율적인 프로세스였다. JCALS에는 이러한 종이를 주체로 한 비즈니스 프로세스의 효율화뿐만 아니라, 병기시스템의 조달에서 후방지원(로지스틱 서포트)까지의 전 라이프사이클 프로세스의 효율화를 도모함을 목적으로 추진되고 있다.

JCALS의 실시 스케줄은 **그림** 5.1과 같다. JCALS 프로세스에 요구되는 기능은 접속성, 데이터 관리, 관리·조달·개선·출판·보관·유통의 일련 기술 메뉴얼 프로세스에 의하여 구성되어 있다. 스케줄에는 실현 과정을 기술 메뉴얼 프로세스의 세가지 세그먼트(segment)로 나타내었다.

제1 세그먼트는 관리, 조달, 개선 그리고 출판의 일부(카피 가능한 마스터의 작성 부분)의 기술 메뉴얼 프로세스와 데이터 관리 및 접속성의 두 가지 인프라 핵심 요소를 실현한다. 여기에서 기술 메뉴얼을 위한 데이터 관리를 시스템 구성요소와 유저 간의 정보 액세스와 축적을 관리하기 위한 일련의 시스템 요구로 정의한다. 또한, 접속성을 JCALS의 시스템 구성요소와 유저 간의 통신 및 프로토콜 등을 포함한 상호 운용성을 제공하기 위하여 필요한 시스템 요구의 집합체로 정의한다.

제2 세그먼트는 제1 세그먼트에서 제외된 출판의 일부, 보관, 유통의 각 프로세스를 실현한다.

제3 세그먼트에서는 출판관리, 시큐어리티의 업그레이드를 실현한다.

기술 메뉴얼 이외에 추가되는 기능은 95 회계년도의 중반부터 순차적으로 실시되었다. 추가 기능에는 로지스틱스 지원, 엔지니어링, 조달관리, 구매 등이 있다.

JCALS의 시스템 구성은 **그림** 5.2에 나타낸 바와 같다.

임의의 한 사이트에 있는 JCALS의 아키텍처는 데이터 관리, 네트워크 관리, 워

크스테이션 관리의 3개의 핵심 세그먼트로 분할 가능하다. 이들 3개의 세그먼트는 각
각의 유저가 로컬 또는 리모트 사이트에 있는 정보에 액세스 가능하도록 광 파이버의
백본(Back Bone)에 접속되어 있다.

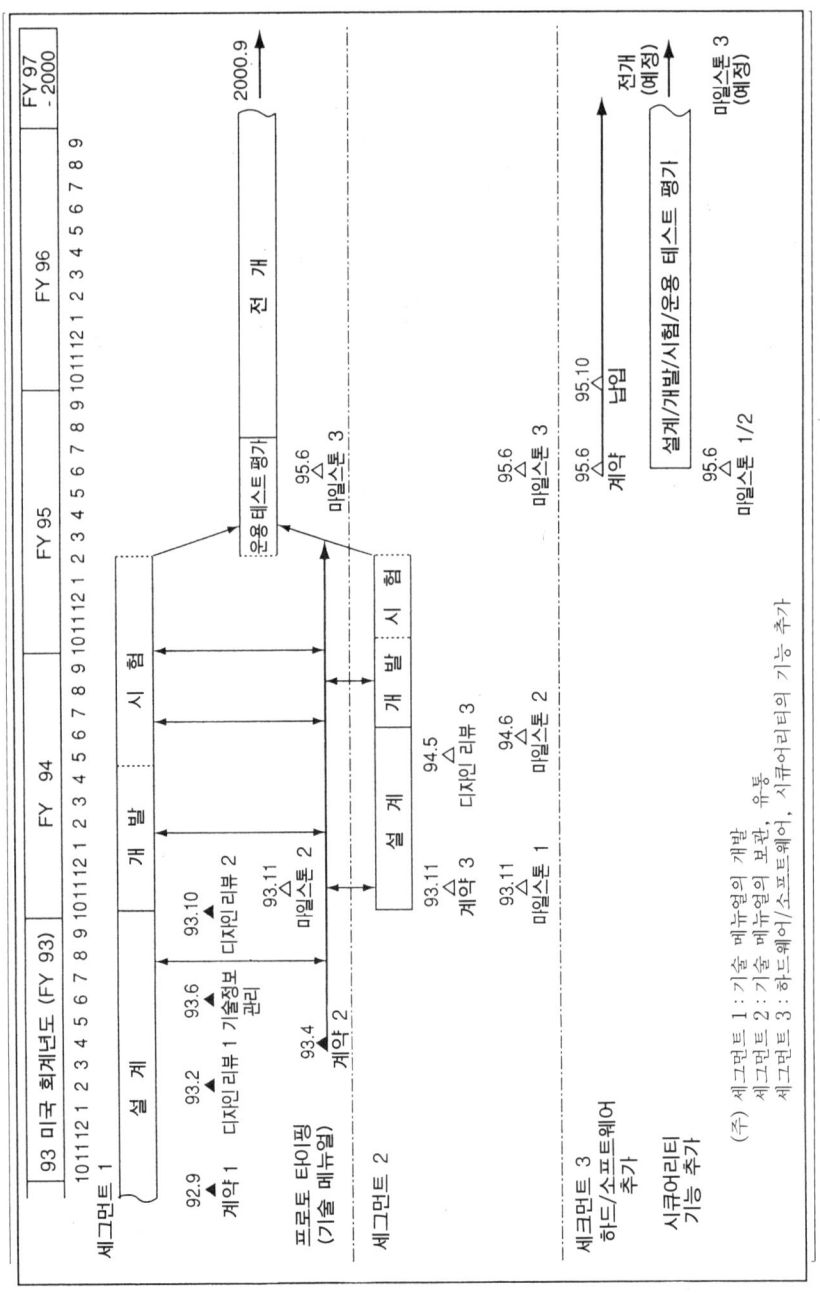

그림 5.1　JCALS 기술 메뉴얼 실시 스케줄

(출처) CALS EXPO 1994 JCALS 튜토리얼(Tutorial)

리모트의 정보에 액세스하기 위하여 국방 정보시스템 네트워크(DISN : Defence Information System Network)에 의한 글로벌 데이터 관리능력을 사용하여 정보가 존재하는 다른 사이트에 문의한다.

시스템 운용 지원 능력(SOSC : System Operational and Support Capability)의 시스템 네트워크 관리 아키텍처는 유저를 JCALS 내에 물리적으로 존재하는 데이터 베이스를 포함하는 모든 네트워크상의 데이터베이스와 연결된다. 병기시스템의 데이터는 정부측의 설비에 있는 경우와 산업계측의 주계약자 및 서브 컨스트럭터의 설비상에 존재하는 경우가 있으므로, SOSC의 아키텍처가 중요하다.

IWSDB는 병기시스템의 기술 및 로지스틱스 지원 데이터를 저장하는 시스템 인프라의 대부분을 차지하고 있다. IWSDB는 지리적으로 분산된 하나의 논리적인 데이터베이스로서, 병기시스템 디렉토리(Directory), 병기시스템 딕셔너리(Dictionary), 레퍼런스 라이브러리(Reference Library), 병기시스템의 기술·로지스틱스 지원 데이터로 구성된다. 글로벌 데이터 관리 시스템(GDMS : Global Data Management System)은 글로벌 디렉토리 데이터 딕셔너리 서비스, IWSDB 중의 부분적·전체적인 데이터 요소로의 투명한 유저 액세스 방법, 각종의 디지털 데이터 리포지토리(repository)에 위치한 데이터 요소의 유통을 제공한다. GDMS는 각각의 JCALS 노드에 완전하게 카피된다.

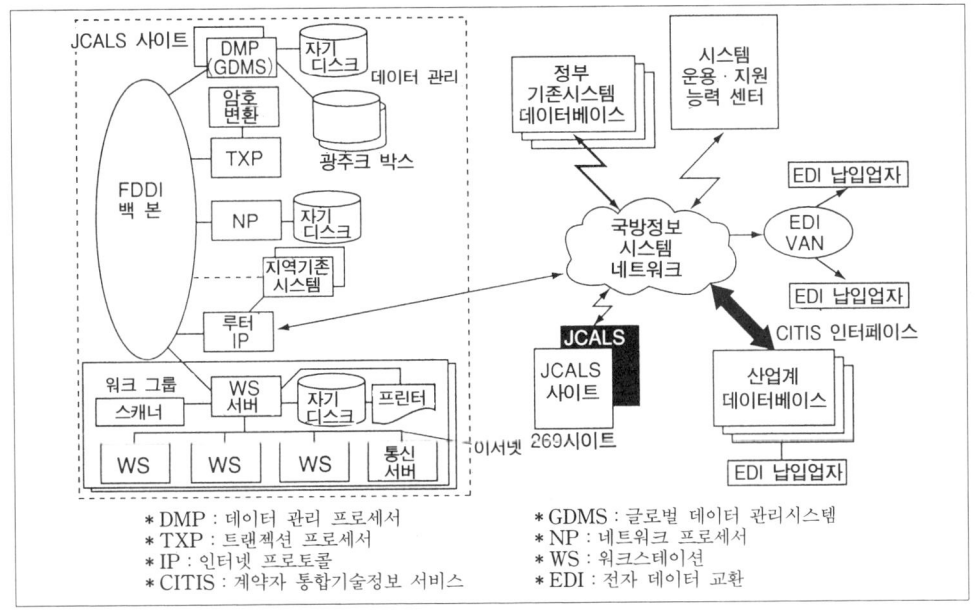

그림 5.2 **JCALS 시스템 구성도** (출처) CALS EXPO 1994 JCALS 튜토리얼

SOSC는 GDMS의 완전한 백업을 유지하여, 모든 업 데이트를 이 데이터베이스에 통합·제어한다. IWSDB는 CALS의 「데이터는 한 번 작성하여 여러 번 사용한다」 라는 개념의 구현을 위하여 구상된 것이다. 현존하는 각각의 병기시스템 및 각각의 데이터베이스를 위하여 JCALS는 모든 데이터 자원을 각종 방위 IWSDB와 연결한다. 가령 정보가 국방성(DoD) 내부, 또는 산업계측에 존재하여도 글로벌 디렉토리/ 딕셔너리 서비스를 통하여 액세스 가능하다.

계약자측이 개발한 데이터베이스와의 통신은 계약자 통합 기술정보 서비스(CITIS : Contractor Integrated Technical Information Service)를 통하여 실시된다. 이것은 병기 딕셔너리 시스템이 개발되면 계약자측 데이터에 정부가 직접 액세스하는 것을 가능하게 한다.

JCALS의 아키텍처를 나타낸 것이 **그림 5.3**이다. JCALS의 아키텍처의 기본 부분은 산업계측과 정부측의 표준을 광범위하게 적용하여 분산된 오픈 시스템 환경을 제공한다. 이들 표준은 POSIX에 근거한 오퍼레이팅 시스템(Operating System), 커뮤니케이션 프로토콜인 GOSIP와 TCP/IP, 유저 인터페이스의 X-Window와 Motif, 그리고 소프트웨어 개발을 위한 Ada 언어 등이다. 각 사이트에 구현되는 시스템은 대부분 시판 소프트웨어(COTS : Commercial Off-The-Shelf)에 의해 구성되고, 나머지는 Ada로 개발되고 있다. JCALS의 비즈니스 프로세스의 애플리케이션으로서는 전술한 기술 메뉴얼, 로지스틱스 지원, 엔지니어링, 조달관리, 구매 등이 고려되고 있으며, 기술 메뉴얼은 현재 진행중이다.

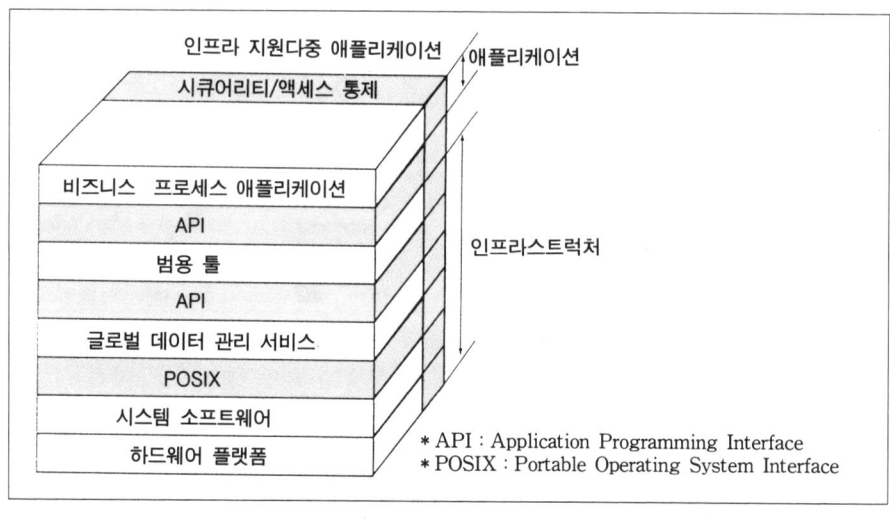

그림 5.3 JCALS 아키텍처 (출처) CALS EXPO 1994 JCALS 튜토리얼

인프라의 범용 툴 층은 유저의 워크 벤치(Work bench)를 제공하는 것으로서 유저 지원, 워크 관리, 애플리케이션 지원, 정보 핸드링, 시스템 관리의 기능을 제공하는 툴로 생각할 수 있다.

① 유저 지원 툴은 문맥 센서티브(Context Sensitive) 및 하이퍼 텍스트 형식의 헬프 기능, 파일 전송기능, GUI에 의한 데스크탑(Desk-Top) 환경을 제공한다.

② 워크 관리 툴은 워크 프로우, 태스크, 워크 폴더 매니저 등을 제공한다.

③ 애플리케이션 지원 툴은 설계·해석·결정의 서포트 등 여러 종류의 시스템 프로덕트 생성 지원에 필요한 기능을 제공한다. 이와 같은 일반적인 툴은 그래피컬 에디터, 텍스트 에디터, 뷰어(Viewer), 해석 툴, CAD 툴, 보조적인 평가 툴 등이다.

④ 시스템 관리 툴은 시큐어리티 관리, 네트워크 모니터링, 데이터와 데이터베이스 관리, 문제점의 리포팅·추적 조사를 지원하는 툴 등, 시스템의 모니터링, 메인티넌스 능력을 제공한다.

⑤ 정보관리 툴은 시스템에 축적되어 있는 데이터에 액세스 가능한 기능을 유저에게 제공한다. 종이 베이스 및 전자형식에 의한 데이터 입출력 및 CALS 표준 형식에 의한 데이터 변환을 위한 툴 등이다. 그리고, IWSDB 데이터를 위한 정보 형태관리 기능을 제공한다.

인프라의 글로벌 데이터 관리 서비스 층에는 IWSDB, 글로벌 디렉토리·데이터 딕셔너리, GDMS, GDMS 클라이언트 서비스, 기존 시스템에 대한 인터페이스 등을 제공한다.

인프라의 시스템 소프트웨어 층은 시큐어 오퍼레이팅 시스템(Secure Operating System), 시스템 관리 서비스, 소프트웨어 지원환경, 통신·네트워크 서비스를 제공한다. 인프라의 하드웨어 플랫폼 층은 오픈 시스템 베이스의 컴퓨터 본체, CD-ROM 및 자기 테이프 등의 대용량 기억장치, 입출력 장치, X-Terminal 및 PC 등의 워크 스테이션, FDDI 및 루터 등의 네트워크 기기로 구성된다.

JCALS에 의하여 예상되는 이익은 다음과 같다.

① 병기시스템 개발의 조달, 변경, 지원에서의 리드타임 단축.

② 병기시스템의 전 라이프사이클을 통한 지원 코스트의 절감.

③ 보다 정확한 최신의 기술정보와 보다 응답성이 좋은 로지스틱스 시스템이 구비된 병기시스템의 메인티넌스 체제 제공 구축.

④ 신속성의 증대, 프로세스의 개선, 공급의 추적성 제공

또한, JCALS가 실현됨에 따라 로지스틱스 및 관련 프로세스에 소요되는 여분의 노력이 절감되며, 기술적 작업의 유효성도 높일 수 있다.

(2) 통합 기술도면관리 · 정보관리 시스템(JEDMICS)

통합 기술도면관리 · 정보관리 시스템(JEDMICS : Joint Engineering Drawings Management and Information Control System)은 미해군, 육군, 공군이 개별적으로 개발한 기술 데이터 관리 시스템의 통합화 프로그램으로, 1996부터 도입되었다.

JEDMICS는 기술도면을 디지털 데이터화하여 전자적으로 액세스 가능한 관리시스템의 구축이 목표로, 디지털 형식에 의한 기록 · 관리 · 배포 및 조달 · 운용 · 수리 · 보급지원에서의 비즈니스 프로세스 개선과 운용 코스트 절감이 목적이다.

JEDMICS의 전신이 되는 해군의 기술도면관리 · 정보관리 시스템(EDMICS : Engineering Drawings Management and Information Control System)은 3억매에 이르는 기술도면과 50만권이 되는 기술도서의 등록, 보관, 검색, 카피, 배포를 적시적소에 그리고 효율적으로 실시하기 위하여 데이터 리포지토리가 구비된 시스템이었다. 이들의 기술정보는 종이 데이터에서 스캐너에 의하여 래스터 데이터로 변환되어, 광 디스크에 보관 · 이용되고 있다.

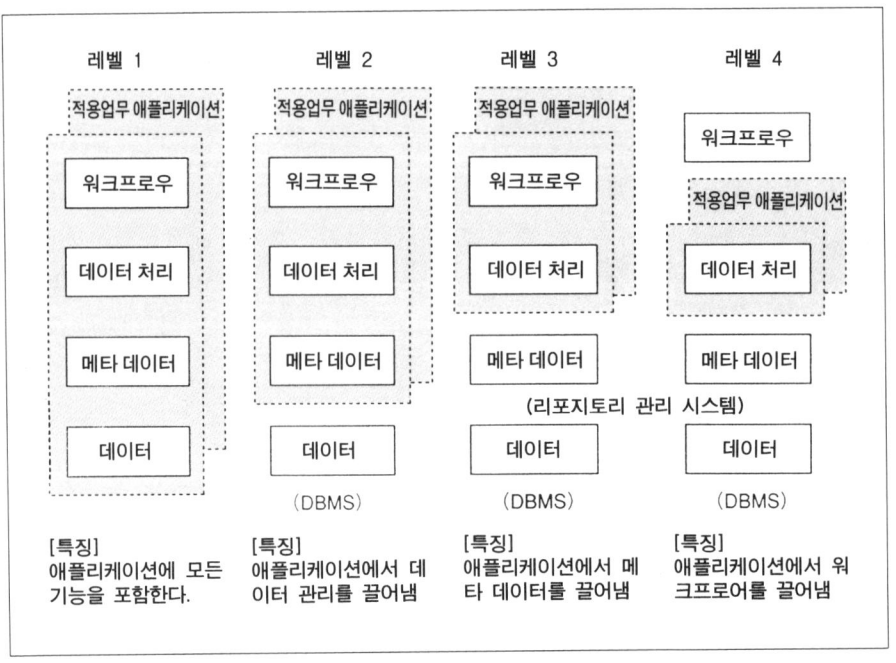

그림 5.4 CALS의 정보기반의 기본적 개념 (출처) CALS Japan '94

인덱스 시스템 형태의 데이터 관리는 관계형 데이터베이스 관리 시스템을 사용하여 각종 업무에 필요한 형태로 출력 가능하다.

또한, 원격지에서의 출력도 가능하다.

DoD(미국방성)가 요구하는 CALS 표준은 그래픽 데이터 및 텍스트 데이터가 교환 가능하며, 기술이 진보됨에 따라 하드웨어의 기능 모듈이 변경되더라도 데이터를 변경하지 않아도 되는 것을 요구하고 있지만, EDMICS도 기본적으로 이 CALS 표준과 일치한다는 것이 해군내의 테스트 환경에서 확인 되었다.

현재 구축중인 JEDMICS는 EDMICS의 환경을 기초로 하여 육군 및 공군을 통합한 「기술도면 데이터의 표준적인 대용량 저장 리포지토리 기능, 구매·운용·보수·제조를 지원하는 보관·관리·배포 시스템 및 부수적인 로지스틱스 기능」의 지원이 목적이라고 할 수 있다. 또한, JCALS의 기술 도면 데이터의 리포지토리로서 서비스를 제공할 예정이다.

JEDMICS의 중심이 되는 요소는 오픈 시스템 기술과 데이터 모델링 기술이다. JEDMICS는 기술도면 및 도서의 기본적인 구조를 명확하게 하여 데이터 모델화함으로써, 라이프사이클에 걸친 워크프로우의 관리까지도 목표로 한다.

이것이 단지 기술도면의 래스터 이미지화에 의한 적용 업무 영역에 대응하고 있는 EDMICS와의 차이이다. 적용 업무 애플리케이션과 데이터 구조의 단계적인 구조는 **그림 5.4**에 나타낸 바와 같다.

EDMICS는 레벨 3의 수준이며, JEDMICS는 레벨 4를 목표로 하는 것이라고 말할 수 있다. JEDMICS의 운용 개념은 **그림 5.5**에 나타낸 바와 같다.

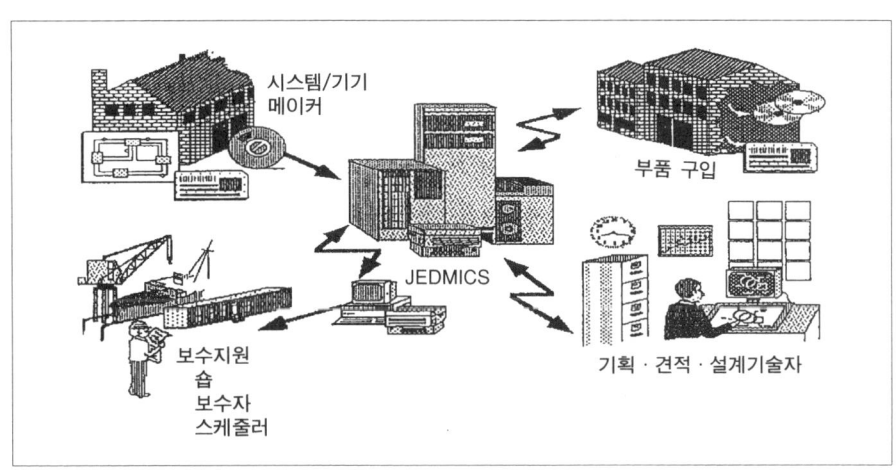

그림 5.5 JEDMICS 운용개념   (출처) CALS EXPO 93 JEDMICS 튜토리얼

EI를 지원하는 기관

(1) 일렉트로닉 커머스 리소스 센터(ECRC)

CALS 공유자원 센터(CSRC : CALS Shared Resource Centers)는 국방 고등연구 계획국(DARPA : Defense Advanced Research Project Agency)의 지원으로 CALS 트레이닝, 컨설팅 및 기술지원을 실시하는 산·학·연의 협동 프로젝트이다. 이용자는 약 3/4이 중소기업, 1/4이 정부기관이다. 현재는 일렉트로닉 커머스 리소스 센터(ECRC : Electronic Commerce Resource Centers)로 개칭되었고, 전미 ECRC 기술 허브(Technology Hub)와 두 개의 ECRC 팀 인티그레이터(Team Integrator) 및 전미 11개 지역 ECRC로 구성되어 있다(그림 5.6).

전미 ECRC 기술 허브는 CTC사(Concurrent Technology Corporation, 독립계 비영리 기업)가 운영하여,

- 전자상거래(EC : Electronic Commerce) 기술의 개발 및 리뷰
- 지역 ECRC을 통한 최첨단 기술 및 상용기술의 정보제공
- EC 기술의 통합 및 데먼스트레이션
- 지역 ECRC 프로그램의 조정 및 군·민의 산업에서의 액세스 제공

등의 활동을 실시하고 있다.

두 개의 ECRC 팀 인티그레이터는 각각에 소속된 각 지역 ECRC의 커뮤니케이션, 통합, 계획, 감독을 실시하고 있다. 전미 ECRC 프로그램 오피스는 ECRC 팀 인티그레이터를 통하여 지역의 ECRC와 연락한다.

각 지역 ECRC는 다음의 네 가지 기본 기능을 제공하고 있다.

① SGML 및 EDI의 실시, 프로세스 관리, 비즈니스 분석 등의 교육 훈련

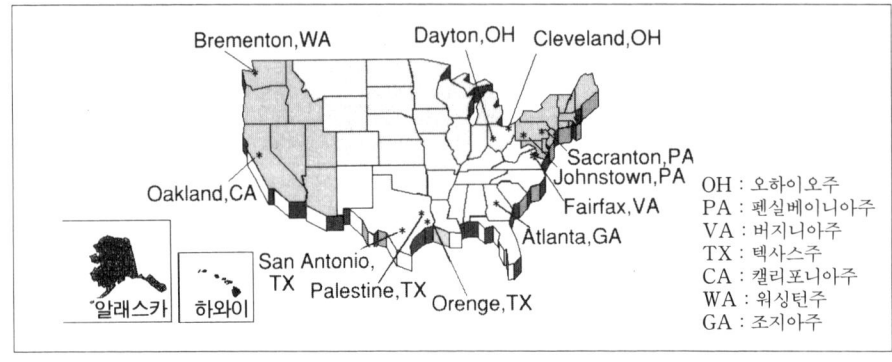

그림 5.6 ECRC 사이트   (출처) CALS EXPO 1994 ECRC 팜플렛

② CALS의 보급, 계몽, 컨설팅 및 기술지원

③ 종이 매체로 된 기존 데이터의 변환 및 디지털화

④ 리소스 센터 간에서 네트워크를 통한 정보 라이브러리의 제공

각 지역 ECRC는 그 지역의 특성을 활용하여 자동설계, 자동 제조 등에 특색을 가지고 있으며, 세미나 개최, 출장훈련, 기업방문 등 지역산업과 긴밀한 협조하에 세밀한 활동을 실시하면서, 기술 습득을 위한 기초 코스로서 아래의 사항을 제공하고 있다.

- CALS 오리엔테이션
- EDI 오리엔테이션
- CALS에서의 IDEF 사용법
- 종래의 종이형 데이터 관리
- 컨커런트 엔지니어링
- 그래픽 및 CALS 그래픽 표준
- 전자상거래
- SGML(Standard Generalized Markup Language : 표준 마크업 언어)
- 비즈니스 니즈(Business Needs)의 해석
- 기술환경에서의 프로세스 관리
- 비즈니스 환경에서의 데이터
- EDI의 실현
- 제조 부품에서 설계 데이터 재생
- CALS 추진을 위한 동기 부여 및 통합제조
- 정부 조달에서의 CALS
- ISO 9000

(2) CALS 테스트 네트워크(CTN)

CALS 테스트 네트워크(CTN : CALS Test Network)는 미국방성(DoD)이 1988년 CALS 표준의 데먼스트레이션 및 유효성 평가를 위하여 구축되었다. 1994년 9월 현재, CTN에는 산·학·연의 500 이상의 조직이 참가하고 있다.

CTN은 네 가지 테스트 환경(육·해·공의 3군, 로렌스리버모어 연구소)이 있으며, CALS에 사용되고 있는 기술 표준에 따른 데이터 교환에 대하여 데이터의 품질, 변환 후의 데이터 이용성, 표준 규격의 적용에 대한 종합적인 성능을 측정, 분석한 후, 리포트로 공개하고 있다(**그림** 5.7).

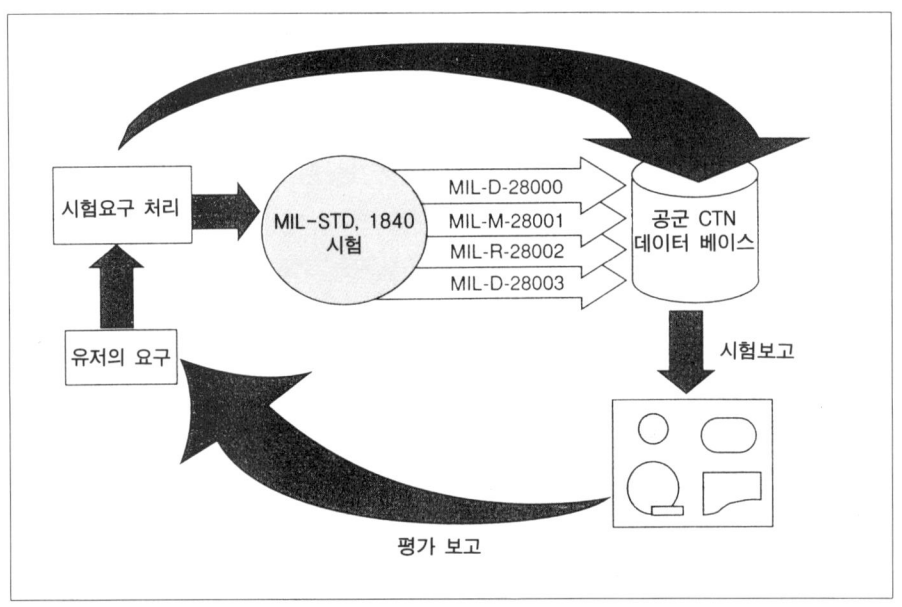

그림 5.7 **공군 CTN의 테스트 프로세스** (출처) 「AFCTN Handbook」 1994년 9월

IGES(Initial Graphics Exchange Specification : 초기 그래픽 교환 사양), SGML, 래스터, CGM(Computer Graphics Metafile : 컴퓨터 그래픽 메타파일), 전자 메뉴얼, CITIS 등의 MIL 규격별로 UNIX 워크스테이션 및 IBM 호환 PC 등의 하드웨어, 소프트웨어 환경에 따라 각종 테스트 툴을 제공하고 있다.

CTN은 디지털 기술정보 교환의 일관성 확립을 촉진할 것, CALS 표준을 평가, 테스트, 프로토타이핑을 확립할 것, CALS 추진을 위하여 동기가 부여되는 기술활동을 지원·조정할 것 등을 목표로 하여, 유저에 대한 테스트 서비스 이외에도 컨설팅, 트레이닝, 정보 제공 등을 실시하고 있다. 그리고, 유저의 요구에 따라 테스트용 소프트웨어의 개발 툴 및 테스트 패키지도 제공한다. 또한, CTN의 리포트, 테스트 툴 및 관련된 정보는 CTN의 BBS를 통하여 입수할 수 있다.

(3) 전미 기술정보 서비스(NTIS)

전미 기술정보 서비스(NTIS : National Technological Information Service)는 미의회의 예산으로 운영되지 않는 유일한 정부 조직으로, 미국 및 다른 국가의 정부 주도의 연구개발 정보, 비즈니스 정보, 엔지니어링 솔루션 정보 등을 보유하는 정보 기관이다. NTIS에서는 약 75,000건에 이르는 완료된 조사연구 자료 및 12만건 이상의 진행중인 조사연구 자료에 관한 요약 정보의 공고와 이들 자료에 관한 완벽한 리포트를 제공한다.

NTIS는 1991년 7월에 설립된 CALS 정보센터(CALS Information Center)도 운영하고 있으며, CALS 개념의 보급, 사용을 촉진하기 위하여 CALS 표준 및 시방, 기술 리포트, 트레이닝 자원, 컴퓨터 데이터 파일 등의 CALS에 관련된 정보를 제공함과 동시에 CALS에 관한 질문도 받고 있다. 또한, NTIS의 전자 서비스 중의 하나로 FedWorld의 일부를 CALS BBS로서 사용하고 있다.

CALS BBS에는 인터넷 또는 공중전화망으로 액세스가 가능하며, FedWorld의 메인 메뉴에서 Subsystem/Database를 선택함으로써 CALS 관련의 정보에 접근할 수 있다. 액세스 방법은 다음과 같다.

① 모뎀 액세스

패리티 : None, 데이터 비트 : 8, 정지 비트(stop bit) : 1, 단말 에뮬레이션 : ANSI, 전이중, 전화번호 : 703-321-8020(FedWorld)

② 인터넷 액세스

TELNET : fedworld.gov (192.239.92.3)

FTP : ftp.fedworld.gov (192.239.92.205)

WWW : http://www.fedworld.gov (192.239.92.203)

로 액세스 가능하다.

또한, CALS 정보 센터는 CALS Publication을 비정기적으로 발행하며, 동 센터를 통해서 입수된 CALS, CTN 리포트, CCITT Group 4 래스터 그래픽 표준, CGM, CITIS, CE, EDI, IGES, STEP에 의한 제품 데이터 교환(PDES : Product Data Exchange using STEP), SGML, 제품 모델 데이터 교환 규격(STEP : Standard for the Exchang of Product Model Data) 등의 리포트에 관한 정보를 제공하고 있다. NTIS로 주문하면, 완전한 리포트도 입수 가능하다.

(4) CALS Expo와 Roadmap 2000

CALS 관련의 국제 포럼은 CALS Expo, CALS Europe 및 CALS Pacific, 그 외에도 많이 있다. 그 중, CALS Expo는 세계 최대의 CALS 관련의 포럼으로 1988년부터 매년 1회 개최되고 있으며, 정부와 산업계가 CALS에 대해 의논하며, 데먼스트레이션을 실시하고 있다.

CALS Expo는 CALS-ISG 주최 및 NSIA, DoD, DoC의 협찬으로 개최되고 있으며, 1992년부터의 Expo 개최지는 다음과 같다.

1992년 캘리포니아주 샌디에고

　　　테마 "Catalyst for Competitiveness"

1993년 조지아주 애틀란타

　　　테마 "Implementing the Vision"

1994년 캘리포니아주 롱비치

　　　테마 "Integrating the Global Enterprise"

1995년 캘리포니아주 롱비치

　　　테마 "Changing for Future"

테마로부터도 알 수 있듯이 CALS는 그 대상을 방위시스템에서 EI 응용으로 명확하게 변화하고 있다.

CALS Expo에는 Roadmap 2000이라는 CALS 전략의 케이스 스터디 데모를 실시하고 있다. 1992년의 Roadmap 2000에서는 CALS의 기본적인 구성과 CALS 기술이 사상 처음으로 통합화된 오픈 환경으로 실현되었다. 여기에서는 수륙 양용의 군용 차량에 사용된 민수용의 액추에이터(Actuator)의 개발에 대하여 기본설계에서 제조, 실제의 필드에서의 사용부터 폐품에 이르기 까지의 다음의 5단계로 구성되는 라이프사이클 관리 프로세스를 통한 검증을 세 분야(프로젝트 관리, 컨커런트 엔지니어링, 기술 다큐멘테이션)의 사례 연구로서 실시되었다.

- Concept Exploration & Definition
- Demonstration & Validation
- Engineering & Manufacturing
- Production & Deployment
- Operations & Support

1993년의 Roadmap 2000의 데먼스트레이션은 1992년 데모의 성공과 교훈을 베이스 라인으로 하여 확립된 것으로, CALS의 기술과 구상이 어떻게 실현, 사용되며, 현재 및 향후의 작업 환경에 어떤 영향을 주는가를 참가 기업이 직접 체험하는 것을 목적으로 하였다. 여기에서 상용 및 군용으로 사용되는 트럭의 부품을 생산하기 위한 컨소시움을 형성하여, 부품의 형상 변경을 CALS 환경하에서 실시하는 것을 논증하였다. 데모는 다음의 8요소로 나누어 실현하였다.

- Information Authoring/Documentation
- Configuration Management
- Engineering & Design

- Logistics Management
- Training
- Integrated Database Management
- Telecommunication

1994년의 Roadmap 2000에서는 가상 기업(VE)의 모델 제시를 강조하였다. Expo 의 참가자는 프로젝트에 참가한 17회사가 다음의 8가지 기능을 각각 수행하는 가상기 업의 운영체제를 체험할 수 있었다.

- Reverse Engineering(i.e., design new, more effective parts from legacy data)
- Design Engineering(e.g., finite element analysis)
- Manufacturing Engineering
- Inspection
- Information Management(e.g., Internet EDI)
- Document Preparation(e.g., technical data package)
- Communication(e.g., videolink equipment)

데먼스트레이션에서는 BA사(British Aerospace)를 고객으로 한 가상기업(VE)의 실험을 실시하였다. BA사가 사용하는 특수 부품의 설계가 변경됨에 따라 일부분 제 품의 표준 검사공정에도 변경의 필요성이 발생되어, 이 부품의 설계에서 조립, 검사 및 표준 검사공정의 변경설계를 STI사라는 미국의 제조회사에 의뢰하고, STI사는 VE 네트워크를 사용하여 시간과 코스트의 단축을 실시한다는 시나리오로 되어 있다.

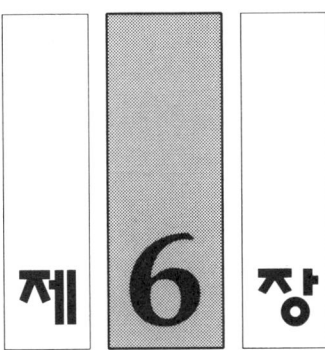

제 6 장

CALS로 작성되는 시판 소프트웨어(COTS)

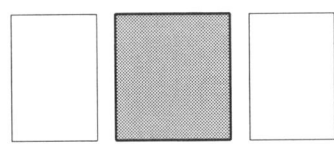

CALS를 정보기술의 관점에서
파악할 때에는 CALS의 발상지인 미국
등 해외 동향을 파악하는 것이 중요하다.
여기에서는 리엔지니어링 지원 툴 등의
소프트웨어 제품 또는 시스템 통합 등의
서비스 형태로 세계 시장에 공급되어
있는 정보기술이라는 관점에서 CALS의
실상을 명확하게 한다.

CALS에는 CALS-ISG 등의 CALS 추진기관(CALS/Concurrent Engineering-Industry Steering Group), 미국방성(DoD)을 비롯하여 개별의 CALS 프로젝트, 기술체계로서의 표준규격(국제표준, 국내표준, 업계표준)과 표준화 활동, 하드웨어의 플랫폼 및 정보통신 네트워크라는 정보 인프라 등의 요소가 복잡하게 연결되어 있다.

이 중에서 정보기술이 구체적인 형태로서 나타나는 것은 벤더 각사가 제공하는 각종 툴, 소프트웨어 제품, 서비스 등이다. 많은 CALS 프로젝트에서는 오픈 시스템의 구상에 따라 정보기술을 스스로 개발하는 것이 아니라, 기존의 제품 기술을 도입, 응용, 통합화하는 것이 대부분이다. DoD의 기간 프로젝트인 JCALS(Joint CALS)에서는 구성하는 소프트웨어의 90%가 기존 제품(50종류 이상)이다.

이 장에서는 세계 시장에서 유통되고 있는 소프트웨어 제품 및 서비스, 즉 COTS(Commercial Off-The Shelf)에 대해 고찰하여, 대표적인 COTS의 종류, 기능, 적용 분야, 적용 사례, 그리고 벤더의 개발 동향, 상품 전략 등에 대하여 고찰하며, 구미의 CALS 기술 동향에 대해서도 고찰한다.

CALS 관련기술의 분류와 COTS

해외의 CALS 기술 동향을 COTS를 축으로 하여 고찰하는 경우, 먼저 각종 다양한 정보기술을 기술 요소로서 어떻게 분류하여, 체계적으로 정리할 것인가, 그리고 CALS라는 관점에서 관련된 정보기술을 어떻게 그 위치를 부여할 것인가를 명확하게 할 필요가 있다.

CALS 관련기술로서 주목되는 개별적인 COTS를 체계적으로 분석하는 수법은 다음과 같다.

(1) 제품과 서비스의 구분에 의한 분류
정보기술의 거래형태 또는 정보산업의 업종 형태는 「제품의 개발·판매」와 「서비스」의 두 가지로 크게 분류할 수 있다. 소프트웨어 제품, 반제품 또는 패키지화된 시스템 단위로 거래 되는 경우에는 통상적으로 요소기술 분야별로 시장이 형성된다. 그러나, 서비스로서 거래되는 것은 시스템 통합, 컨설팅, 교육 트레이닝 등이다.

(2) 요소기술 분야에 따른 분류
정보기술을 요소기술로 환원하여 체계화할 때에는 전통적인 분류 방법에 따라 시장

영역(소프트웨어 분류)을 분류할 수 있다. 예를 들면,

① CAD/CAM/CAE/CIM(C4)

② 엔지니어링 설계

③ 시뮬레이션

④ 생산시스템

⑤ 자동 전자출판

⑥ 전자상거래/전자 데이터 교환(EDI)

⑦ 로지스틱스

⑧ 컨커런트 엔지니어링(CE)/워크프로우 관리

⑨ 제품 데이터 관리(PDM)

⑩ 정보관리

⑪ 시큐어리티

⑫ 통신

⑬ 정보 모델링

으로 분류할 수 있다.

　그러나, 이들의 시장 영역에 대해서는 그 정의가 반드시 명확하게 되어 있지 않은 것도 많고, 개별적이며, 구체적인 툴로서 분류하기도 하고, 역으로 어떤 시장 영역에 해당하는 소프트웨어 제품군의 기술 동향을 분류하고자 하는 경우에는 어려운 경우가 많다.

　따라서, 차선책으로 가령 SGML 등, 근거하고 있는 표준 규격에 따른 분류 방법을 생각할 수 있다. 그러나 이 경우에도 광의의 SGML으로 분류할 것인지, ISO 규격, JIS 규격, MIL 규격의 레벨로 분류할 것인지 등, 대상 범위를 기계적으로 결정하는 것은 어려운 문제이다. 특히, 최근에는 복수의 기능을 통합화한 소프트웨어 제품이 제공되고 있으므로, 하나의 COTS를 다각도로 고려해야 하는 상황도 되고 있다.

　시장 영역 또는 표준에 의한 분류만으로는 적용되는 정보기술의 실태를 적절하게 반영하기 어려운 경우도 있다. 시스템 기능의 계층이 벤더 각사의 고유 체계를 이용하고 있기 때문에 경쟁제품 간의 비교도 단순하지 않다.

(3) 대상으로 하는 고객 분야에 따른 분류

　CALS는 세계적인 가상기업(VE : Virtual Enterprise)을 지향하는 사용자 중심의 정보화이다. 이를 위한 CALS의 기술동향을 분석할 때에는 대상으로 하는 고객분야

별의 실상을 고려하여 애플리케이션 중심으로 기술을 체계화하는 것이 적절한 경우도 많다.

물론 CALS의 기술을 제품 라이프사이클을 통하여 산업사회 전체에 관련된 공동기술과 애플리케이션 고유 기술로 분류하는 것도 중요하다. 그러나 이러한 논의는 고도 정보화 사회, 멀티미디어, NII/GII라는 거시적인 관점에서 실시하여야 한다.

본 조사에서는 해외의 CALS 기술 동향을 COTS라는 약간 미시적인 관점으로 분류하였기 때문에 고객 분야별로 폐쇄된 정보를 정비하는 것이 이용가치가 높은 것으로 생각된다. 즉, CAD 시스템인 경우에는 건설, 기계, 전기전자에 따라 서로 다른 제품군이 구성되며, 대표적인 COTS도 달라진다.

설계·제조 데이터의 관리 기술뿐만 아니라, 기업활동의 모델화 수법으로서 기대되는 STEP(Standard for the Exchange of Product Model Data : 제품 모델 데이터 교환 규격)에 관해서도, 자동차, 조선 등 개별의 산업별로 애플리케이션 프로토콜(Appli- cation Protocol)의 개발이 진행되고 있다. 구체적인 산업 분류로서는 다음과 같다.

① 기계제조업   ② 전자산업
③ 에너지산업   ④ 운수산업
⑤ 금융 서비스산업   ⑥ 정부·공공 서비스
⑦ 군사·방위산업   ⑧ 항공 우주산업
⑨ 환경산업   ⑩ 건강의료산업
⑪ 인쇄·출판업   ⑫ 컴퓨터산업
⑬ 소프트웨어산업   ⑭ 통신산업

▌▌ COTS의 범위

CALS는 21세기로 향한 고도 정보화 사회 구축을 위한 컨셉으로, 그 실현 수단인 정보기술을 요소로 분해함으로서 규정되는 것이 아니다.

기업통합 모델링 및 로지스틱스, 계약자 통합 기술정보 서비스(CITIS : Contractor Integrated Technical Information Service) 등, 라이프사이클 관리를 실현하는 정보 모델의 관점이 없으면 「어떤 요소기술을 구매해야 CALS가 가능한가」와 같이 의미가 전도되어 버리는 결과를 초래한다. CALS에는 오픈 시스템의 구상이 포함되어 있기 때문에 상기와 같은 분류만으로 COTS의 기술 동향을 분석한다면, 사실상 모든

정보기술이 대상으로 되고 만다.

CALS의 적용이라는 목적에 따라 시장에서 이용 가능한 COTS를 조달해서, 조합하여 사용한다는 「Flug And Play」의 실현을 용이하게 하기 위해서는 기준 또는 실적에 따라 CALS 관련 기술로서 COTS의 범위를 제시하는 것이 요구된다. CALS에 관련된 COTS라고 할 수 있는 것은 보통 다음과 같은 기준을 만족하는 것으로 생각된다.

① (DoD 등의) CALS 적용 사례에서 사용된 실적이 있는 것

② 공적인 CALS 테스트 네트워크(CTN : CALS Test Network)에서 검증된 것

③ 공적인 CALS 리소스 센터에서 사용되고 있는 것

④ CALS 관련의 MIL 규격에 근거하고 있는 것

⑤ MIL 규격에 상당하는 국제규격, 국내규격, 업계 표준에 근거하며, CALS의 컨셉에 따라 전개되고 있는 것이 업계에서 인지되고 있는 것

▌▌ 주요 COTS

현재 제공된 COTS에 대해서 제공 회사별로 정리한 리스트를 다음에 제시한다. 리스트는 1995년 3월까지 (社)일본 전자공업진흥협회(JEIDA)의 CALS 연구회가 작성한 것으로 참고 문헌은 다음과 같다.

① 기존의 CALS 관련의 문헌으로서
- CALS/Enterprise Integration Journal (1992~1994)
- CALS Test Network Handbook (1993, 1994)
- TRW사의 CALS 제품 가이드 (1992)

② CALS EXPO 등의 현지 조사자료 (출품자의 팜플렛)
- CALS PACIFIC '94 (타이페이, 8월)
- CALS EUROPE '94 (파리, 9월)
- CALS EXPO '94 (롱비치, 12월)

③ 해외 판매회사로부디 수집힌 정보
- CALS에 관련된 판매회사 약 250사에 대한 직접적인 자료청구(청구처는 "CALS/Enterprise Integration Journal Reference Guide '94"에서 리스트 업)

조사 대상 판매회사 및 COTS의 선정은 전 항의 기준에 따라 실행되고 있다.

주요 COTS의 리스트

(자료 : 일본 전자공업진흥협회 CALS 연구회)

번호	판매회사명	제 품 명	취 급 규 격	제 품 분 야
1	\<TAG\> (SGML Associates, Inc. /GCA			
2	3M Engineering Systems Division	(Laser Plotter, Printer)		
3	Access Corporation		CCITT GROUP 4(RASTER), MIL-R-28002(RASTER), CGM, ISO 9000/ANSI Q90, SGML	컨커런트 엔지니어링, 구성관리, 데이터 관리, EDI/전자상거래, 이미지 처리, 정보관리/유통, 제조, 제품 데이터 관리, 시큐어리티/데이터보호
4	Accurate Information Systems, Inc.			
5	Adobe Systems, Inc.	Acrobat 2.0		
6	ADRA Systems, Inc.		CCITT GROUP 4(RASTER), MIL-R-28002(RASTER), IGES, MIL-D-28000	CAD/CAM/CAE/CIM, 데이터 관리, 정보관리/유통
7	Advanced Applications Consultants, Inc.			구성관리, 데이터 관리, EDI/전자상거래
8	Advanced Electronics Technology Center (AETC)		VHDL	
9	Advanced Support Technology, Inc.	Advanced Information Retrieval (AIR)	MIL-R-28002, CGM	
10	Advanced Technology Center	ForReview	CGM, MIL-D-28003, IGES	CAD/CAM/CAE/CIM, 전자출판/자동출판, 엔지니어링 디자인, 정보관리/유통, 정보 모델링, 제조, 시뮬레이션
11	Advantis		EDI/ANSI X12, EDIF, EDIFACT, OSI, GOSIP	CAD/CAM/CAE/CIM, 통신, EDI/전자상거래
12	AeroStructures, Inc.			
13	Agfa	CAPS	SGML	
14	Alenia-Division Avionica			
15	Alpharel/Optigraphics		CCITT GROUP 4(RASTER), MIL-R-28002(RASTER)	이미지 처리
16	American Business Computer		CCITT GROUP 4(RASTER), EDI/ANSI X12, EDIFACT	EDI/전자상거래

번호	판매회사명	제품명	취급규격	제품분야
17	Ansoft Corporation			엔지니어링 디자인, 시뮬레이션
18	Applied Network Research, Ltd.			
19	Apunix Computer		CCITT GROUP 4(RASTER)	전자출판/자동출판, 이미지 처리
20	Aquidneck Data Company	MILSPEC IETMS, Integrated Digital Video Courseware	CCITT GROUP 4(RASTER), MIL-R-28002(RASTER), CGM, MIL-D-28003, IETM, MIL-M-87268/69/70, IGES, MIL-D-28000, SGML	전자출판/자동출판
21	ArborText. Inc.	ADEPT, ADEPT ElectronicReview, ADEPT Power Paste	AECMA 2000M, AECMA 1000D,CCITT GROUP 4 (RASTER), CGM, MIL-D-28003, CITIS, IETM, MIL-M-87268/69/70, IGES, MIL-D-28000, MIL-STD-1388, OS/FOSI, SGML, MIL-M-28001	전자출판/자동출판, 정보관리/유통
22	Amstrong Laboratory	Integrated Maintenance Information System (IMIS), Design Evaluation for Personal, Training and Human Factors (DEPTH)		
23	ASTI-Electronic Commerce Systems, Inc.			
24	Astro-Med, Inc.		EDI/ANSI X12, ISO 9000/ ANSI Q90	전자출판/자동출판, 제조
25	ATA, Inc.		ISO 9000/ANSI Q90, INFORMATION MODELING (IDEF, EXPRESS, OTHER)	전자출판/자동출판
26	Atlantic Research Corporation (ARC)	ARCAPS		
27	AUDRE, Inc.	AUDRE Conversion Software	CCITT GROUP 4(RASTER), CGM, IGES	CAD/CAM/CAE/CIM, 전자출판/자동출판, 엔지니어링 디자인, 이미지 처리, 제조
28	Author Services Technical(Herts) Ltd.			
29	Auto-Graphics, Inc.	SGML Editor, IMPACT	SGML	
30	Auto-trol Technology Corporation	Tech Illustrator(TI), ViewCaster CENTRA 2000	CCITT GROUP 4(RASTER), MIL-R-28002(RASTER), CGM, MIL-D-28003, IGES, ISO 9000/ANSI Q90	CAD/CAM/CAE/CIM, 컨커런트 엔지니어링, 데이터 관리, 전자출판/자동출판, 정보관리/유통, 제품 데이터 관리
31	Auto-trol Technology Ltd.		CCITT GROUP 4(RASTER), MIL-R-28002(RASTER), CGM, MIL-D-28003, IGES, ISO 9000/ANSI Q90	CAD/CAM/CAE/CIM, 컨커런트 엔지니어링, 데이터 관리, 전자출판/자동출판, 정보관리/유통, 제품 데이터 관리
32	Auto-trol Technology, AB		CCITT GROUP 4(RASTER), MIL-R-28002(RASTER), CGM, MIL-D-28003, IGES, ISO 9000/ANSI Q90	CAD/CAM/CAE/CIM, 컨커런트 엔지니어링, 데이터 관리, 전자출판/자동출판, 정보관리/유통, 제품 데이터 관리

번호	판매회사명	제 품 명	취 급 규 격	제 품 분 야
33	Auto-trol Technology, GmbH		CCITT GROUP 4(RASTER), MIL-R-28002(RASTER), CGM, MIL-D-28003, IGES, ISO 9000/ANSI Q90	CAD/CAM/CAE/CIM, 컨커런트 엔지니어링, 데이터 관리, 전자출판/자동출판, 정보관리/유통, 제품 데이터 관리
34	Auto-trol Technology, SA		CCITT GROUP 4(RASTER), MIL-R-28002(RASTER), CGM, MIL-D-28003, IGES, ISO 9000/ANSI Q90	CAD/CAM/CAE/CIM, 컨커런트 엔지니어링, 데이터 관리, 전자출판/자동출판, 정보관리/유통, 제품 데이터 관리
35	Autodesk, Inc.	AutoCAD	MISCELLANEOUS	CAD/CAM/CAE/CIM, 컨커런트 엔지니어링, 엔지니어링 디자인
36	AUTOSPEC, Inc.			
37	Avalanche	SGML Hammer, FASTTAG	IETM, ISO 9000/ANSI Q90, SGML, MIL-M-28001	데이터 관리, 전자출판/자동출판, 정보관리/유통
38	Bull Information Systems, Ltd.			
39	CACI International, Inc.	REenterprise, SIMPROCESS, C·GATE, Quick-Bid	CCITT GROUP 4(RASTER), CGM, EDI/ANSI X12, OSI, GOSIP, IGES, INFORMATION MODELING (IDEF, EXPRESS, OTHER), STEP, SGML	CAD/CAM/CAE/CIM, 통신, 컨커런트 엔지니어링, 구성관리, 데이터 관리, 전자출판/자동출판, EDI/전자상거래, 엔지니어링 디자인, 이미지 처리, 정보관리/유통, 정보 모델링, 로지스틱스, 시큐어리티/데이터 보호, 시뮬레이션
40	Carberry Technology	CADleaf Plus REDliner, CADleaf Plus Viewer, CAD leafBatch		CAD/CAM/CAE/CIM, 컨커런트 엔지니어링, 구성관리, 데이터 관리, 전자출판/자동출판, 엔지니어링 디자인, 이미지 처리, 정보관리/유통, 제품 데이터 관리
41	CBIS Federal, Inc.	CBIS ENTERPRIZE, CALS Services, CBIS CD-ROM Authoring and Retrieval System	TCP/IP, OSI, UNIX, POSIX, CCITT, SQL, ISO 8879, MIL-M-28001	
42	Cincom System, Inc.		CITIS, MIL-STD-974, EDI/ANSI X12, LSA/LSAR, MIL-STD-1388, STEP, SGML	컨커런트 엔지니어링, 구성관리, EDI/전자상거래, 제조, 제품 데이터 관리
43	CMstat Corporation	CMstat	CCITT GROUP 4(RASTER), CGM, CITIS, IGES, ISO 9000/ANSI Q90	컨커런트 엔지니어링, 구성관리, 데이터 관리, 엔지니어링 디자인, 이미지 처리, 제품 데이터 관리
44	Commerce Net			
45	Computer Assisted Technology Transfer (CATT)	CATT Program		
46	Computer Sciences Corporation		CCITT GROUP 4(RASTER), MIL-R-28002(RASTER), CGM, MIL-D-28003, EDI/ANSI X12, GOSIP, IETM, IGES, MIL-D-28000, LSA/LSAR, MIL-STD-1388, OS/FOSI, SGML, MIL-M-28001, MISCELLANEOUS	컨커런트 엔지니어링, 구성관리, 데이터 관리, 전자출판/자동출판, 엔지니어링 디자인, 이미지 처리, 정보관리/유통, 정보 모델링, 로지스틱스, 시큐어리티/데이터 보호, 시뮬레이션

번호	판매회사명	제 품 명	취 급 규 격	제 품 분 야
47	Control Data Systems		CCITT GROUP 4(RASTER), MIL-R-28002(RASTER), CGM, EDI/ANSI X12, IGES, MIL-D-28000, SGM	CAD/CAM/CAE/CIM, 통신, 컨커런트 엔지니어링, 구성관리, 데이터 관리, EDI/전자상거래, 엔지니어링 디자인, 이미지 처리, 정보관리/유통, 제조, 제품 데이터 관리, 시큐어리티/데이터 보호, 시뮬레이션
48	Coopers & Lybrand			
49	D. Appleton Company, Inc.			
50	Data Conversion Laboratory		SGML	
51	Datalogics	DL Composer	CCITT GROUP 4(RASTER), MIL-R-28002(RASTER), CGM, MIL-D-28003, IGES, MIL-D-28000, IPC, OS/FOSI, SGML, MIL-M-28001	데이터 관리, 전자출판/자동출판, 정보관리/유통
52	Dataware Technologies	MegaText	SGML	
53	Defense Logistics Agency			
54	Design Science, Inc.	MathType		
55	Digital Equipment Corporation	Logistics Engineering Workbench(LEWB)	CCITT GROUP 4(RASTER), MIL-R-28002(RASTER), CGM, MIL-D-28003, CITIS, MIL-STD-974, EDI/ANSI X12, EDIF, EDIFACT, OSI, GOSIP, IGES, MIL-D-28000, ISO 9000/ANSI Q90, INFORMATION MODELING (IDEF, EXPRESS, OTHER), LSA/LSAR, MIL-STD-1388, STEP	CAD/CAM/CAE/CIM, 통신, 컨커런트 엔지니어링, 데이터 관리, EDI/전자상거래, 엔지니어링 디자인, 정보관리/유통, 정보모델링, 로지스틱스, 제조, 제품 데이터 관리, 시큐어리티/데이터 보호
56	Docucon, Inc.		CCITT GROUP 4(RASTER), MIL-R-28002(RASTER), MIL-D-28003, MIL-D-28000, SGML	이미지 처리
57	Dynamics Research Corporation			
58	DYTECNA Limited			
59	Eastman Kodak	Automated Document Management Publishing System (ADMPS)		
60	EDI Able, Inc.		EDI/ANSI X12, EDIFACT	EDI/전자상거래
61	Eigner+Partner GmbH			
62	ElectoCom Automation, L. P.		CCITT GROUP 4(RASTER), MIL-R-28002(RASTER), MIL-D-28003, MIL-D-28000, SGML	이미지 처리

번호	판매회사명	제품명	취급규격	제품분야
63	Electronic Book Technologies, Inc.	DynaText, DynaTag, DynaBase, DynaWeb	MIL-R-28002(RASTER), CGM, DSSSL, IETM, MIL-M-87268/69/70, IGES, MIL-D-28000, SGML	CAD/CAM/CAE/CIM, 구성관리, 전자출판/자동출판, 정보관리/유통
64	Electronic Commerce Resource Centers (CSRC에서 개명)		CCITT GROUP 4(RASTER), MIL-R-28002(RASTER), CGM, MIL-D-28003, IETM, IGES, MIL-D-28000, MISCELLANEOUS	
65	Ematek GmbH	GSS*GDT, CGM tools, GSS*GKS, GSS*EVT, GSS*GCT	ISO CGI, CGM	
66	Enterprise Integration Technologies, Inc. (EIT)			
67	Evergreen Information Technologies, Inc.		CCITT GROUP 4(RASTER), MIL-R-28002(RASTER), EDI/ANSI X12, ISO 9000/ANSI Q90, SGML	컨커런트 엔지니어링, 구성관리, 데이터 관리, 전자출판/자동출판, EDI/전자상거래, 엔지니어링 디자인, 이미지 처리, 정보관리/유통, 로지스틱스, 제조, 제품 데이터 관리
68	Exoterica Corporation	(1) OmniMark	INFORMATION MODELING (IDEF, EXPRESS, OTHER), OS/FOSI, SGML, MIL-M-28001	전자출판/자동출판
69	FORMTEK, Inc.		CCITT GROUP 4(RASTER), MIL-R-28002(RASTER), CGM, MIL-D-28000, SGML, MIL-M-28001	CAD/CAM/CAE/CIM, 통신, 컨커런트 엔지니어링, 구성관리, 데이터 관리, 전자출판/자동출판, EDI/전자상거래, 엔지니어링 디자인, 이미지 처리, 정보관리/유통, 정보 모델링, 로지스틱스, 제조, 제품 데이터 관리, 시큐어리티/데이터 보호
70	FRAME Technology Corporation	(1) DL Composer	SGML, FOSI	
71	Freeman Associations			
72	Gandalf			
73	Gateway Conversion Technology		CCITT GROUP 4(RASTER), CGM, MIL-D-28003, MIL-STD-974, EDI/ANSI X12, OSI, GOSIP, IETM, MIL-M-87268/69/70, MIL-D-28000	구성관리, 데이터 관리, 전자출판/자동출판, EDI/전자상거래, 이미지 처리, 정보관리/유통, 정보 모델링, 제조, 제품 데이터 관리
74	GDE Systems, Inc.	IMIS(Intergrated Maintenance Information System)	CITIS, IETM, MIL-D-28000, INFORMATION MODELING (IDEF, EXPRESS, OTHER), LSA/LSAR, SGML, MIL-M-28001	CAD/CAM/CAE/CIM, 구성관리, 엔지니어링 디자인, 이미지 처리, 정보관리/유통, 정보 모델링, 로지스틱스, 시뮬레이션
75	GE Information Services, Inc.			GE Information Services, Inc.는 세계 규모의 텔레프로세싱 네트워크(Teleprocessing Network)를 통하여 고객의 비즈니스 프로세스 및 정보교환을 지원한다. 전자상거래(EC) 분야에서는 20년 이상의 경험 축적 및 리더쉽의 경험이 있다.

번호	판매회사명	제 품 명	취 급 규 격	제 품 분 야
76	General Research Corporation	GQDS		
77	GIAT Industries			
78	Graphics Communications Assoc, (GCA)		SGML	
79	GRIF S. A.		AECMA 2000M, AECMA 1000 D, CCITT GROUP 4 (RASTER), MIL-R-28002 (RASTER), CGM, MIL-D-28003, MIL-D-28000, ISO 9000/ANSI Q90, SGML	
80	Grumman Data System		CCITT GROUP 4(RASTER), MIL-R-28002(RASTER), MIL-D-28003, MIL-D-28000, SGML	이미지 처리
81	Hal Software, Inc.		SGML	전자출판/자동출판, 정보관리/유통
82	Henderson Software, Inc.	MetaCheck, Meta, CGM Tool	AECMA 2000M, CGM, MIL-D-28003, ATA/AIA100	CAD/CAM/CAE/CIM, 전자출판/자동출판, 엔지니어링 디자인, 제조
83	Hercules Defense Electronics Systems, Inc.		CCITT GROUP 4(RASTER), MIL-R-28002(RASTER), GOSIP, IETM	데이터 관리, 이미지 처리, 정보관리/유통
84	Hollandse Singnaalapparaten B.V.		CGM, IETM, IGES, ISO 9000/ANSI Q90, LSA/LSAR, MIL-STD-1388, SGML, VHDL	
85	Hughes Aircraft	Advanced Integrated Maintenace Support Automated Logistics Process(ALP)	IETM, MIL-D-87269, SGML, MIL-STD-1388-2B	
86	IABG			
87	IBM		CCITT GROUP 4(RASTER), MIL-R-28002(RASTER), CGM, MIL-D-28003, IGES, MIL-D-28000, STEP	CAD/CAM/CAE/CIM, 컨커런트 엔지니어링, 구성관리, 데이터 관리, 엔지니어링 디자인, 제조, 제품 데이터 관리
88	ICL		CCITT GROUP 4(RASTER), CGM, EDI/ANSI X12, EDIFACT, OSI, GOSIP, ISO 9000/ANSI Q90, MIL-STD-1388, SGML	CAD/CAM/CAE/CIM, 컨커런트 엔지니어링, 전자출판/자동출판, EDI/전자상거래, 이미지 처리, 제조, 시큐어리티/데이터 보호
89	Ideas, Inc.			
90	IGES Data Analysis, Inc.	IGES tool kit, CALSVIEW	CCITT GROUP 4(RASTER), MIL-28002(RASTER), CGM, MIL-D-28003, CITIS, IGES, MIL-D-28000,MIL-M-28001	CAD/CAM/CAE/CIM, 컨커런트 엔지니어링, 전자출판/자동출판, 엔지니어링 디자인, 제조, 제품 데이터 관리
91	InContext Systems	InContext 2	IETM,MIL-M-87268/69/70, SGML, MIL-M-28001	전자출판/자동출판
92	InfoAccess, Inc.	GUIDE Professional Publisher(GPP)	CCITT GROUP 4(RASTER), CGM, IETM, SGML, MIL-M-28001	전자출판/자동출판

번호	판매회사명	제 품 명	취 급 규 격	제 품 분 야
93	InfoDesign Corporation	WorkSMART	CCITT GROUP 4(RASTER), MIL-R-28002(RASTER), MIL-D-28003, CITIS, OSI, GOSIP, IETM, MIL-D-28000, ISO 9000/ANSI Q90, SGML, MIL-M-28001	컨커런트 엔지니어링, 전자출판/자동출판, 정보관리/유통, 로지스틱스, 제조
94	Information Dimensions, Inc.		SGML	이미지 처리
95	Information Handling Services		CCITT GROUP 4(RASTER), ISO 9000/ANSI Q90	CAD/CAM/CAE/CIM, 컨커런트 엔지니어링, 구성관리, 엔지니어링 디자인, 정보관리/유통, 로지스틱스, 제품 데이터 관리
96	Information Technology International Corporation		CCITT GROUP 4(RASTER), MIL-R-28002(RASTER), IGES, MIL-D-28000, ISO 9000/ANSI Q90	CAD/CAM/CAE/CIM, 컨커런트 엔지니어링, 데이터 관리, 전자출판/자동출판, 정보관리/유통, 정보 모델링, 제조
97	Informative Graphics Corporation		CCITT GROUP 4(RASTER), CGM	CAD/CAM/CAE/CIM, 컨커런트 엔지니어링, 이미지 처리
98	Informix Software, Inc.	Informix	GOSIP, ISO 9000/ANSI Q90, INFORMATION MODELING (IDEF, EXPRESS, OTHER)	CAD/CAM/CAE/CIM, 데이터 관리, EDI/전자상거래, 이미지처리, 정보관리/유통, 시큐어리티/데이터 보호
99	INFOTEC BAUCONSULT GmbH		INFORMATION MODELING (IDEF, EXPRESS, OTHER) EDIFACT	데이터 관리, 정보관리/유통, 시큐어리티/데이터 보호
100	Inset Systems, Inc.	HiJaak Graphics Suite	CCITT GROUP 4(RASTER), MIL-R-28002(RASTER), CGM, MIL-D-28003	CAD/CAM/CAE/CIM, 전자출판/자동출판
101	Integrated Support Systems, Inc.	InSync, SLIC Workbench	LSA/LSAR, MIL-STD-1388	CAD/CAM/CAE/CIM, 컨커런트 엔지니어링, 구성관리, 정보관리/유통, 로지스틱스, 제품 데이터 관리
102	InterCAP Graphics Systems, Inc.	Illustrator group 2, MD+, Quick Edit, Red-Liner, MetaLink, X-CHANGE	CCITT GROUP 4(RASTER), MIL-R-28002(RASTER), CGM, MIL-D-28003, MIL-M-87268/69/70, IGES	컨커런트 엔지니어링, 구성관리, 전자출판/자동출판, 엔지니어링 디자인, 정보관리/유통, 제조, 제품 데이터 관리
103	Intergraph Corporation	Intergraph	CCITT GROUP 4(RASTER), MIL-R-28002, CGM, MIL-D-28003, CITIS, MIL-STD-974, EDIF, OSI, GOSIP, IETM, MIL-M-87268/69/70, IGES, MIL-D-28000, IPC, ISO, ISO 9000 /ANSI Q90, INFORMATION MODELING (IDEF, EXPRESS, OTHER), LSA/LSAR, MIL-STD-1388, OS/FOSI, STEP, SGML	CAD/CAM/CAE/CIM, 통신, 컨커런트 엔지니어링, 구성관리, 데이터 관리, 전자출판/자동출판, EDI/전자상거래, 엔지니어링 디자인, 이미지 처리, 정보관리/유통, 정보 모델링, 로지스틱스, 제조, 제품 데이터 관리, 시큐어리티/데이터 보호
104	Interleaf, Inc.	Interleaf 5	AECMA 1000D, CCITT GROUP IV, MIL-R-28002, CGM, MIL-D-28003, CITIS, MIL-STD-974, IETM, MIL-M-87268/69/70, IGES, MIL-D-28000, ISO 9000/ANSI Q90, LSA/LSAR, OS/FOSI, SGML, MIL-M-28001	CAD/CAM/CAE/CIM, 통신, 컨커런트 엔지니어링, 구성관리, 데이터 관리, 전자출판/자동출판, 이미지 처리, 정보관리/유통, 정보 모델링, 제조, 제품 데이터 관리

번호	판매회사명	제품명	취급규격	제품분야
105	International Techne Group, Inc.	IGES/Works	CGM, MIL-D-28003, IGES, MIL-D-28000, STEP	CAD/CAM/CAE/CIM, 통신, 컨커런트 엔지니어링, 엔지니어링 디자인
106	International Imaging, Inc.		IGES	
107	ITEDO Software GmbH		CGM, IGES	전자출판/자동출판
108	J. M. Vric Associates, Inc.			
109	Joint Center for Integrated Product data Environment	IPDE		
110	Joint Logistics System Center	CMIS		
111	Knowledge Based System, Inc.	IDEF Methods, IDEFO IDEFI, IDEFEX, IDEF 3, IDEF 4, IDEF Family of, Methods KBSI, Software Products, AI WIN-IDEFO Tool, ProSim/ProCap-DEFO Tool, ProStore-version, Control System, SmartER-IDEFI & IDEFX Tool, SmartClass-IDEF, ProSys-Application, Generator ProCost & proABC	INFORMATION MODELING (IDEF, EXPRESS, OTHER)	CAD/CAM/CAE/CIM, 컨커런트 엔지니어링, 구성관리, 데이터 관리, 엔지니어링 디자인, 정보관리/유통, 정보 모델링, 로지스틱스, 제조, 제품 데이터 관리, 시뮬레이션
112	LEADS, Inc.	The LEADS	AECMA 2000M, LSA/LSAR, MIL-STD-1388	로지스틱스
113	Litton Data Systems	Media Lynk, CBITS	SGML, IETM	
114	Logical Solutions Technology, Inc.			
115	Logistic support International			
116	Loral Space & Range Systems	Rapid Access Electronics Library System(RAELS)	CITIS, IETM, MIL-M-87268/69/70, ISO 9000/ANSI Q90, MIL-STD-974,	CAD/CAM/CAE/CIM, 컨커런트 엔지니어링, 구성관리, 데이터 관리, EDI/전자상거래, 엔지니어링 디자인, 이미지 처리, 정보관리/유통, 제품 데이터 관리, 시큐어리티/데이터보호
117	Lucas Management Ststem		EDI/ANSI X12	데이터 관리, 정보관리/유통
118	Management Sciences, Inc.		EDIF, IGES, ISO 9000/ ANSI Q90, LSA/LSAR, MIL-STD-1388, MISCELLANEOUS, MIL-STD-1629A, MIL-STD-472	CAD/CAM/CAE/CIM, 컨커런트 엔지니어링, 구성관리, 엔지니어링 디자인, 로지스틱스
119	ManTech International Corporation	CALS Test and Validation Tools Repository, Integrated Data Management Tool Repository	IETM	

번호	판매회사명	제 품 명	취 급 규 격	제 품 분 야
120	Manufacturing Technology Information Service (MTIS)			
121	Martin Marietta Corporation-Energy Systems, Inc.			
122	Martin Marietta Corporation-Ocean Radar Sensor Systems Division		IETM, STEP, SGML, MIL-M-28001	통신, 컨커런트 엔지니어링, 구성관리, 데이터 관리, 전자출판/자동출판, 정보관리/유통, 로지스틱스
123	Martin Marietta- Automation Systems	RASSP(Rapid Prototyping of Application-Specific Signal Processors)		
124	Maxwell Data Management, Inc.		IETM, SGML	데이터 관리, 제품 데이터 관리
125	McAboy Yates Corporation		LSA/LSAR, MISCELLANEOUS, IETM	데이터 관리
126	MEREX, Inc.		CCITT GROUP 4(RASTER), MIL-R-28002(RASTER), CGM, MIL-D-28003, EDI/ANSI X12, IETM, IGES, INFORMATION MODELING (IDEF, EXPRESS, OTHER), SGML, MIL-M-28001, OS/FOSI, DSSSL	통신, 구성관리, 데이터 관리, 전자출판/자동출판,정보관리/유통, 시큐어리티/데이터 보호, EDI/전자상거래
127	Meta Software Corporation	WorkFlow, Analyzer, Design/CPN, Design/IDEF, Design/OA, MetaDesign	INFORMATION MODELING (IDEF, EXPRESS, OTHER)	정보관리/유통, 정보 모델링, 시뮬레이션
128	Metaphase Technology Corp.	Metaphase 2.0	CCITT GROUP 4(RASTER), MIL-R-28002(RASTER), CGM, CITIS, MIL-STD-974, IGES, ISO 9000/ANSI Q90,	컨커런트 엔지니어링, 구성관리, 데이터 관리, 이미지 처리, 정보관리/유통, 제품 데이터 관리
129	Microcosm			
130	Microsoft Corporation	SGML AUTHOR	CGM, OSI, GOSIP, SGML	데이터 관리, 통신, 전자출판/자동출판, 정보관리/유통
131	Microstar Software, Ltd.	NEAR & FAR CADE Groupware		
132	Mincom PTY LTD	ImageLink		
133	National Graphicom Corp.		CCITT GROUP 4(RASTER), MIL-R-28002(RASTER)	CAD/CAM/CAE/CIM, 통신, 데이터 관리, 엔지니어링 디자인, 이미지 처리, 정보관리/유통, 제조, 제품 데이터 관리
134	National Standards Association	Prts-master Plus		
135	Naval Undersea Warfare Center Division Keyport	EDMICS V		

번호	판매회사명	제 품 명	취 급 규 격	제 품 분 야
136	Newport News Shipbuilding(NNS)	Maintenance Engineering Solution, Total Training Solution, Electronic Technical Manuals (ETM)	CITIS, MIL-D-28000, LSA/LSAR	컨커런트 엔지니어링, 전자출판/자동출판, 정보 모델링
137	NIPDE(National Initiative For Product Data Exchange)			
138	NMT Corporation	Rest View, Rast Plot, EDD-I, Fast View, Text View, Mark Up, Mark Up Mgr, Fast View Plot, Print Serv, Fast Fax, Fax Serv, FAAR		
139	Nomura Enterprise Inc.			
140	Northern Telecom	Helmsman	CCITT GROUP 4(RASTER), MIL-R-28002(RASTER), CGM	통신, 전자출판/자동출판, 데이터 관리, 엔지니어링 디자인, 정보관리/유통, 제조, EDI/전자상거래
141	Northrop Grumman Corporation	ITDS	MIL-STD-974, MIL-D-28000 IGES, MIL-M-28001, SGML MIL-R-28002(RASTER), MIL-D-28003, CGM	
142	NOVEL	Envoy		
143	NSIA(The National Security Industrial Association)			
144	NTERGAID, Inc.		CGM, IETM, STEP, MIL-M-28001	전자출판/자동출판, 정보 모델링
145	NTIS(National Technical Information Service)		CCITT GROUP 4(RASTER), CITIS, CGM, IGES, SGML, STEP	
146	O'Neil & Associates, Inc.		MIL-M-1840, SGML, MIL-D-28000, MIL-M-28001, MIL-R-28002(RASTER), MIL-D-28003, ANSI X3.27 CCITT GROUP4(RASTER), CGM, IGES, IETM	
147	OBS	AMOSS 2000 ATA System, AMOSS 2000 Dual System, AMOSS 2000 AECMA System, AMOSS MESSAGE HANDLER, L-BASE, OOBS-FRACAS, EDCAS	AECMA 2000M, EDIFACT, ANSI X12.	
148	OMEGA Logistics International	OMEGA 2B, OMEGA 2A, IETM, ISO 9000, ADMINISTRATOR	LSA/LSAR, MIL-STD-1388, ISO 9000/ANSI Q90	로지스틱스

번호	판매회사명	제 품 명	취 급 규 격	제 품 분 야
149	OMI Logistics		AECMA 2000M, AECMA 1000D, CCITT GROUP 4 (RASTER), MIL-R-28002 (RASTER)·CGM, MIL-D-28003, CITIS, EDIFACT, GOSIP, IETM, IGES, MIL-D-28000, LSA/LSAR, MIL-STD-1388, STEP, SGML, MIL-M-28001, DSSSL	CAD/CAM/CAE/CIM, 컨커런트 엔지니어링, 전자출판/자동출판, EDI/전자상거래, 엔지니어링 디자인, 이미지 처리, 로지스틱스, 시뮬레이션
150	On-Line Design, Inc.			
151	Open Text Corporation		OS/FOSI, SGML	데이터 관리, 전자출판/자동출판, 정보관리/유통, 제품 데이터 관리
152	Oracle Corporation	(1) Server and Network 관련제품 (Oracle 7등), (2) Cooperative Development Environment (Oracle Book, CASE Method 등), (3) 그 외 애플리케이션 (Financials, Distribution, Manufacturing, Project Accounting, Government Financials, Business Productivity Applications 등)		통신, 컨커런트 엔지니어링, 구성관리, 데이터 관리, 전자출판/자동출판, EDI/전자상거래, 엔지니어링 디자인, 이미지 처리, 정보관리/유통, 로지스틱스, 제조, 제품 데이터 관리, 시큐어리티/데이터 보호, 시뮬레이션
153	Paradigm Imaging Group	CONTEXT line		
154	Parametric Technology Corporation		MIL-R-28002(RASTER) CGM, MIL-D-28003, IGES, MIL-D-28000, STEP	CAD/CAM/CAE/CIM, 컨커런트 엔지니어링, 구성관리, 데이터 관리, 엔지니어링 디자인, 제조, 제품 데이터 관리
155	Phase Three Logic, Inc.	CapFast	EDIF 200	엔지니어링 디자인
156	Phillip Business Information(EDI Directory)	The 1993 EDI Directory		
157	Point Control Company			CAD/CAM/CAE/CIM, 컨커런트 엔지니어링, 제조, 시뮬레이션, 엔지니어링 디자인
158	Powertronic Systems, Inc.	Reliability Pred : RPP, Industrial : RBC, Mechanical- : MRP, Automative- : ARP, Failure Mode Analysis FMEProcess-: PFM, Maintainability Pred : MPP, System Reliability- : SRP, Library Maintenance : LMP, Stress Analysis : ECP, Data Int. : DIP	MIL-HDBK-217, TR-NWT-000332, DTRC-90/010, SAE's Technical Paper 870050, MIL-STD-1629A, MIL-STD-2165, AMC-P750-2, FMEA STD, MIL-HDBK-472, MIL-STD-756, MIL-HDBK-338, RADC-TR-77-287, MIL-STD-15447, AS-4613, MIL-STD-975G, AFSCP800-27, ECP, LSAR	

번호	판매회사명	제품명	취급규격	제품분야
159	PRC, Inc.	Productivity edge		컨커런트 엔지니어링, 구성관리, 데이터 관리, 전자출판/자동출판, EDI/전자상거래, 엔지니어링 디자인, 로지스틱스, 제조, 제품 데이터 관리, 시큐어리티/데이터 보호
160	Premenos		EDI/ANSI X12, EDIFACT	EDI/전자상거래
161	Pro STEP Association	ProSTEP EXPRESS Modeler, ProSTEP Software Tool Kit, The ProSTEP DATA Exchange Monitor	ISO/IEC10303 (STEP)	
162	Projekt-Gruppen			
163	Publishing Technology Management, Inc.			
164	Publishing Technology Management(PTM), Inc.	CALS Strategic Planning Seminar	ITEM SGML CALS	
165	Qadrant International Pty Ltd.	EMSYS		
166	Qstar Technologies, Inc.		AECMA 2000M, AECMA 1000 D, GOSIP, ISO 9000/ANSI Q90	CAD/CAM/CAE/CIM, 통신, 구성관리, 데이터 관리, 전자출판/자동출판, EDI/전자상거래, 엔지니어링 디자인, 이미지 처리, 정보관리/유통, 정보 모델링, 로지스틱스, 제품 데이터 관리, 시큐어리티/데이터 보호
167	R.M.S. Technologies		EDI/ANSI X12, EDIFACT, OSI, ISO 9000/ANSI Q90	통신, EDI/전자상거래, 정보관리/유통, 정보 모델링, 로기스틱스, 제품 데이터 관리
168	Ramsearch Company			CAD/CAM/CAE/CIM, 컨커런트 엔지니어링, 엔지니어링 디자인, 정보 모델링, 제품 데이터 관리, 시뮬레이션
169	Raytheon Company			
170	RFA Associates, Inc.		MIL-STD-1388	컨커런트 엔지니어링, 엔지니어링 디자인, 로지스틱스, 제조
171	Roke Manor Reseearch			
172	Rosetta Technologies, Inc.	PreVIEW	IGES, DXF, PostScript, TIFF, MIL-R-Raster	통신, 컨커런트 엔지니어링, 데이터 관리, 전자출판/자동출판, 엔지니어링 디자인, 이미지 처리, 정보관리/유통, 로지스틱스, 제조, 제품 데이터 관리
173	SAZTEC International, Inc.		CCITT GROUP 4(RASTER), MIL-R-28002(RASTER), SGML	데이터 관리, 전자출판/자동출판, 이미지 처리, 정보관리/유통
174	Scangraphics, Inc.		CCITT GROUP 4(RASTER), MIL-R-28002(RASTER),	CAD/CAM/CAE/CIM, 이미지 처리
175	SCRA	MEPlans, PDTrans, ABCostTrac	STEP, IGES, CALS 1840 Binding, EDIF	
176	SEDOC-S.A.			

번호	판매회사명	제품명	취급규격	제품분야
177	Sherpa Corporation	PIMS, View, Lanch, Link, Integrator, DMS, Forms, Admin, Customizer, Gateway	MIL-HDBK-59B, MIL-STD-CITIS	컨커런트 엔지니어링, 구성관리, 정보관리/유통
178	SoftQuad, Inc.	SGML tools		정보관리/유통
179	SOLE (Society of Logistics Engineers)			
180	SPICER Corporation	IMAGEnation	IPC-350, CCITT G4, ASCII Text	컨커런트 엔지니어링, 구성관리, 전자출판/자동출판, 엔지니어링 디자인, 제품 데이터 관리
181	St. Paul Software	spEDItran, spEDImap, spEDIexec, spEDIfax, spEDIeclipse, Interconn		EDI/전자상거래
182	Station Software, Inc.		CCITT GROUP 4(RASTER), MIL-R-28002(RASTER), CGM, CITIS, ISO 9000/ANSI Q90	CAD/CAM/CAE/CIM, 컨커런트 엔지니어링, 구성관리, 데이터 관리, 전자출판/자동출판, 엔지니어링 디자인, 이미지 처리, 정보관리/유통, 로지스틱스, 제조
183	STEP Tools, Inc.	ST-203, ST-EXPRESS ST-DEVELOPER	STEP(ISO 10303) AP-203	컨커런트 엔지니어링, 구성관리, 데이터 관리, 정보 모델링, 제품 데이터 관리
184	Sterling Software/American Business Computer		EDI	
185	Strategic Logistics Agency			
186	Structural Dynamics Research Corporation (SDRC)	Teamwork at Work. Metaphase : Master Architest, Metaphase : Product Structure, Metaphase : CM, Metaphase : Product Structure, Metaphase : Image Services, Metaphase : Toolkit, Metaphase : Connect	CITIS, IGES, ISO 9000/ANSI Q90, INFORMATION MODELING (IDEF, EXPRESS, OTHER) STEP	CAD/CAM/CAE/CIM, 컨커런트 엔지니어링, 데이터 관리, 엔지니어링 디자인, 제조, 제품 데이터 관리, 시뮬레이션
187	Sun Microsystems Federal, Inc.		GOSIP, ISO 9000/ANSI Q90	CAD/CAM/CAE/CIM, 통신, 컨커런트 엔지니어링, 구성관리, 데이터 관리, 전자출판/자동출판, EDI/전자상거래, 엔지니어링 디자인, 이미지 처리, 정보관리/유통, 정보 모델링, 로지스틱스, 제조, 제품 데이터 관리, 시큐어리티/데이터 보호, 시뮬레이션
188	Supply Tech, Inc.	STX, STBAR	ANSI ASC X12, EDIFACT, TDCC, UCS	

번호	판매회사명	제 품 명	취 급 규 격	제 품 분 야
189	Sykes Enterprises, Inc.			
190	SYSCON Conporation			
191	System Exchange, Inc.	Tools for Design VMetric 2.0 (Spares Optimization), R1 1.0 (Reliability Prediction), EDCAS(LCC and LOR Analysis), SDU 2.0 (System Design)	MIL-STD-1388-2B, LSAR-036, AAI, LDI	컨커런트 엔지니어링, 데이터 관리, 엔지니어링 디자인, 정보 모델링, 로지스틱스
192	TACOM-ACALA			
193	TACTech			
194	Technical Publishing Solutions, Inc.		CCITT GROUP 4(RASTER), CGM, CITIS, IETM, IGES, ISO 9000/ANSI Q90, SGML, MIL-M-28001	통신, 구성관리, 데이터 관리, 전자출판/자동출판, 이미지 처리, 정보관리/유통, 제조, 제품 데이터 관리, 시큐어리티/데이터 보호
195	Technical Support International			
196	Techno Teacher, Inc.	HyMinder, MarkMinder	MIL-D-87269 ISO 8879 : 1986, ISO 10744 : 1992	통신, 컨커런트엔지니어링, 구성관리, 데이터 관리, 전자출판/자동출판, EDI/전자상거래, 정보관리/유통, 정보 모델링, 로지스틱스, 제품 데이터 관리, 시큐어리티/데이터 보호, 시뮬레이션
197	Technologies Enabling Agile Manufacturing (TEAM)			
198	Telink Systems, Inc.		EDI/ANSI X12, EDIFACT	EDI/전자상거래
199	Texcel International BV		OS/FOSI, SGML	정보관리/유통
200	Thorn EMI			
201	TomaHawk III		CCITT GROUP 4(RASTER), MIL-R-28002(RASTER), IETM, IGES, MISCELLANEOUS-MII-R-28002B	CAD/CAM/CAE/CIM, 데이터 관리, 전자출판/자동출판, 이미지 처리, 제품 데이터 관리
202	TRW Systems Integration Group	PrISM, TDIE	CITIS	통신, 컨커런트 엔지니어링, 구성관리, 데이터 관리, EDI/전자상거래, 정보관리/유통, 정보 모델링, 로지스틱스, 제조, 제품 데이터 관리
203	TSI International	Mercator, Trading Partner	EDI	
204	US Army Publications and Printing Command (USAPPC)		ISO 8879, FOSI, MIL-M-28001	
205	US Navy CALS CRIC			
206	UES, Inc.	KI Shell, Track-IT	ISO 9000/ANSI Q90	CAD/CAM/CAE/CIM, 컨커런트 엔지니어링, 전자출판/자동출판, 엔지니어링 디자인, 정보관리/유통, 제조, 제품 데이터 관리

번호	판매회사명	제 품 명	취 급 규 격	제 품 분 야
207	Unisys Corporation	MID, ImageMaster, IDE/AS	IETM, SGML, CGM, CCITT 4	
208	US Lynx, Inc.		CCITT GROUP 4(RASTER), MIL-R-28002(RASTER), CGM, MIL-D-28003, MIL-STD-974, DSSSL, MIL-M-87268/69/70, MIL-D-28000, ISO 9000/ANSI Q90	통신, 데이터 관리, 전자출판/자동출판
209	US Product Data Association(US PRO)			
210	USA Information Systems, Inc.	CD-FICHE, NATON-MCRL		
211	Vartec, Inc.	VueFinder	CITIS, MIL-STD-974	
212	VERSANT Object Technology Corporation	VERSANT(The Database For Objects)	SQL	
213	Vikers Shipbuilding & Engineering Limited (VSEL)		AECMA 1000D, AECMA 2000M, STEP	
214	Volt Information Sciences		CALS ATA 100 J2008 SGML 1840A FOSI	통신, 데이터관리, 전자출판/자동출판, EDI/전자상거래, 이미지 처리, 정보관리/유통
215	Wang Laboratories Inc.	KEYOPS	MIL-STD-1840, MIL-X-28000X, FIPS-152, AECMA-2000, ATA-100X. 400 GOSIP EDI POSIX/APP J2008	
216	WCGA			
217	WCGF			
218	Westinghouse Electric Corporation	PATHWAYS Interactive Electronic Publishing (IEP)	CCITT GROUP 4(RASTER), IETM, SGML, MIL-M-28001, IGES, CGM	전자출판/자동출판
219	Williams Systems Engineering, Inc. Javis Automation & Engineering		IETM	
220	Wizdom Systems, Inc.		IDEF, EXPRESS	정보 모델링
221	WordPerfect Corporation	WordPerfect Intellitag	SGML	전자출판/자동출판
222	Workgroup Technology Corporation		ISO 9000/ANSI Q90	컨커런트 엔지니어링, 구성관리, 데이터 관리, 전자출판/자동출판, 정보관리/유통, 제품 데이터 관리, 시큐어리티/데이터 보호
223	XSoft, a division of Xerox Corporation	CAPS, InContext	CCITT GROUP 4(RASTER), CGM, IGES, SGML, MIL-M-28001	전자출판/자동출판
224	Xyvision, Inc.	Parlance Document Manager (PDM), Parlance Publisher	CCITT GROUP 4(RASTER), CGM, IETM, IGES, ISO 9000/ANSI Q90, SGML, MIL-M-28001	데이터 관리, 전자출판/자동출판, 정보관리/유통
225	Interlinear Technology, Inc.	AEDIS, TRIF-Vn	TRIF(MIL-D-28002 Type II)	정보관리, 이미지 처리

【문의처】 CALS 추진협의회

제 **7** 장

CALS의 국제화

DoD(미국방성)를 중심으로 하는
CALS는 조달측을 중심으로 한
로지스틱스 개혁이며,
방위조약이 체결된 국가 및 이에 관련된
공급자측의 약 33만개 사의 민간기업이
수행하고 있는 CALS 대응에 대하여
소개한다.

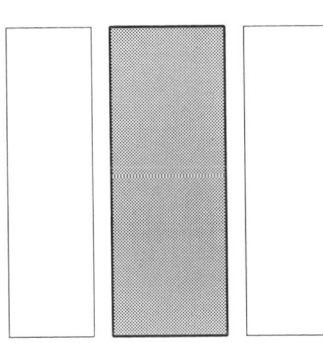

세계의 CALS 추진 거점

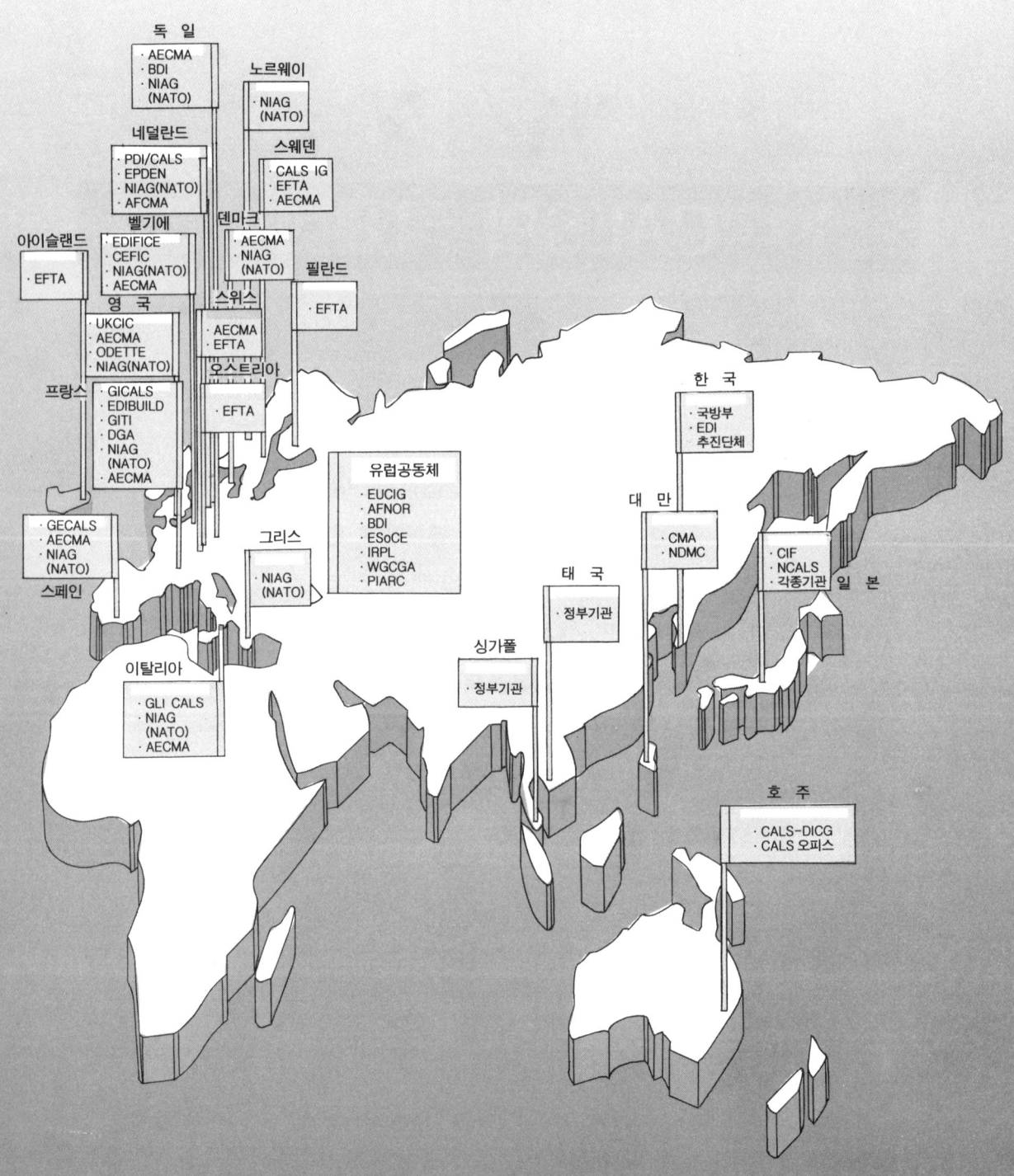

미국정부 이니시어티브

상무성
국방성
에너지성
운수성
NASA
CALS ISG
IBOD

미국 지구전개
CALS RIG

앨라배마
애리조나
콜로라도
그레이트 플레인즈
뉴잉글랜드
뉴욕
노스이스트
노스텍사스
캘리포니아
오하이오
버지니아
오클라호마
퍼시픽
노스웨스트
펜실베이니아

미국 & 캐나다

· AIA
· 어지일 포럼
· ANSI
· AME
· AIAG
· CALS 테스트
  네트워크
· CLM
· DISA
· EDIA
· EDIWI
· GCA
· IPO
· NCGA

· NIUG
· N_PDA
· MST
· NSIA
· NTMA
· SGML 오픈
· SOLE
· U.S.PDI
· U.S.PDA
· WCGF

세계의 CALS에 대한 관심은 CALS에의 협력 및 공헌이라는 의미 외에도 자국의 산업강화법으로서 중점을 두고 있다. 유럽의 CALS에 대한 견해는 CALS를 국제거래의 촉진제(Facilitator)로 사용하여야 한다는 것이다. 그렇지 않으면 CALS는 시장 참여의 장벽이 되며, CALS를 이용하지 않는 국가가 이것을 이용하는 국가 시장에 참여하는 것은 시스템이 고도화되어 있기 때문에 어렵다고 주장하고 있다.

또한 CALS에 관심이 있는 국가는 CALS를 국제협력하에 21세기의 수준 높은 비즈니스 과제를 해결하기 위한 개념으로 사용해서, CALS를 진정한 국제화를 위한 동기부여로서 제공하여야 한다고 한다.

그러나, 각국에서는 CALS의 제1차 계획인 데이터 교환 시스템에 대해서는 합의하였지만, CALS의 제2차 계획인 데이터 공유에 대해서는 각국의 상이한 실정에 의하여, 신중한 검토를 필요로 하고 있다. 또한, CALS에서 얻어지는 이익도 서로 상이하지만, 미국의 CALS 제2차 계획에 부응하여 국가의 특징을 살린 CALS 구축에 박차를 가하고 있다.

█ 유럽의 CALS

(1) NATO

NATO(North Atlantie Treaty Organization : 북대서양 조약기구)에서는 NIAG (NATO Industry Advisory Group A)의 AC 301 SG/D가 CALS를 담당하고 있다. SG/D는 1991년에 설치되었으며, 미국, 영국, 프랑스, 독일, 이탈리아, 네덜란드, 터키가 참가하여, CALS 프로그램에 관한 NATO 내부의 합의를 도출하고 있다. NATO 가맹국 각국의 고유 사정을 고려하면서, NAIG의 CALS 연구로 열거된 250 항목이 되는 테마의 분류 정리 및 우선 순위를 결정한 후, CALS 기술에 대한 평가 연구를 실시하고 있다. 1992년 9월부터 제2 단계 연구가 시작되어, 다음의 항목이 새로운 연구 테마로서 추가되었다.

① 계약자 통합 기술정보 서비스(CITIS : Contractor Integrated Technical Information Service)의 요구시방 분석

② 통합 병기시스템 데이터베이스(IWSDB : Integrated Weapon System Database)의 개념 분석

③ 전자 데이터 교환(EDI : Electronic Data Interchange) 촉진 방안 작성

④ CALS의 도입에 관련되는 법률, 계약 및 지적재산권에 관한 평가

(2) 유럽 항공우주 산업협회(AECMA)

유럽 항공우주 산업협회(AECMA : Association Europeene des Constructeurs de Material Aerospatial)에는 미국, 영국, 프랑스, 독일, 이탈리아, 벨기에, 덴마크, 네덜란드, 스페인의 9개국이 가맹하고 있으며, 군사 및 민간의 양면에서 항공우주 산업을 대표하는 기관이다. AECMA에서는 미국에서 요구되는 CALS 시방이 국제적으로 어떻게 수용되며, 유럽의 독자적 시방에 따른 기술자산 유지의 도모를 목적으로 활동하고 있다.

AECMA 독자의 CALS 대상 활동으로서는 다음과 같은 것이 있다.

① AECMA 1000D

AECMA 1000D는 공통 소스 데이터베이스(Common Source Database)를 사용한 쌍방향 전자기술에 관한 요구사양으로, CALS와 같이 SGML(Standard Generalized Markup Language), CGM(Computer Graphics Metafile), CCITT G4 등의 표준 기술을 사용하고 있다.

② AECMA 2000M

AECMA 2000M은 협력 기업도 포함하여 계약자가 되는 항공기기 메이커의 통합 자재관리에 관한 요구사양으로, 비즈니스 프로세스 및 데이터 사전, 바코드(Bar Code), 고유의 데이터 교환 계약 등으로 구성되어 있다.

그리고 MIL-STD-1388 및 EDIFACT(EDI For Administration, Commerce, and Transport : 행정기관, 상업, 운송을 위한 전자 데이터 교환)와 비교 검토하며, 항공 우주산업 이외의 적용 영역 확장에 관한 연구를 진행하고 있다.

(3) 유럽 CALS 산업 그룹(EUCIG)

유럽 CALS 산업 그룹(EUCIG : European CALS Industry Group)은 1992년 10월에 설립된 산업계의 국제 포럼으로, 각국의 산업계 대표와 유럽의 국제기관이 참가하고 있다. 현재 참가하고 있는 국가는 영국, 네덜란드, 노르웨이, 스웨덴, 스페인이며, 독일, 이탈리아, 프랑스도 참가에 많은 관심을 표명하고 있다. 항공 우주산업과 화학산업의 유럽 통합단체도 참가할 것으로 예상된다.

또한, 5개국이 참가하고 있는 유럽 제품 데이터 교환 네트워크(EPDEN : European Product Data Exchange Network)와 연대를 강화하고 있다.

EUCIG에서는 CALS에 관련된 교육 훈련 및 표준화 촉진, 유럽 CALS 정보센터의 확립을 목표로 활동하고 있다.

(4) 영국의 CALS

미국 이외에서는 영국의 산업계가 가장 적극적으로 CALS를 장려하고 있다. 1993년 봄에는 Chalfont경의 주도하에 기존의 여러 단체가 결합하여, UKCIC(The UK CALS Industry Council)가 설립되었다. 영국 산업계는 유럽 항공우주 산업협회(AECMA), ODETTE, NIAG CALS연구회, UKCIC를 지원하며, CALS가 국가의 시장 참가에 장벽이 되지 않도록 CALS의 ISO로의 이행을 주장하고 있다. 영국 국방성 관련에서는 로지스틱스 관련 프로젝트인 CIRPLS(Computer Integration of Requirements, Provisioning, Logistics and Support)로 CALS의 검토를 실시하고 있다.

(5) 프랑스의 CALS

국방분야에서 CALS가 실시되고 있다. 1989년부터 DoD(미국방성)와의 데이터 교환에 관한 협력이 공식적으로 진행되고 있으며 DGA(the Director General for Armaments)가 담당하고 있다. 민간 분야에서는 GITI(Group for Integration of Technical Information in Industry)와 CICALS(Co-ordination Intersyndicale pour CALS)의 두 단체가 1992년에 설립되었다. GITI는 전 산업단체를 기반으로 하지만, CICALS는 국방(GICAT), 항공우주(GIFAS), 연구개발(SPER)의 세 분야를 주체로 활동하고 있다. 1994년에 CALS EUROPE가 파리에서 개최되었다. 그 참가자의 80% 이상이 민간기업이었고, 군사적인 색채는 점점 적어지고 있다.

(6) 독일의 CALS

독일의 CALS는 민간 주도로 진행되며, BDI(Bundesverband der Deutshen Industrie)에 CALS 위원회가 설립되었다. 1993년 9월에는 베를린에서 CALS EUROPE이 개최되었다.

(7) 벨기에의 CALS

NATO 사령부 및 유럽 방위산업 그룹(EDIG)은 브뤼셀에 있으며, 벨기에의 산업분야와 방위분야에서 CALS 관련 활동에 적극적으로 참가하고 있다.

(8) 덴마크의 CALS

덴마크는 NATO AC 301 SG/D 및 유럽 항공우주 산업협회(AECMA)의 멤버로서 활동하고 있다. 산업계에서는 특히 스칸디나비아 항공(SAS), 조선, 석유산업 등의 제조업이 관심을 가지고, NATO의 조직인 NIAG의 CALS연구회에 참가하고 있다. 유럽 CALS 산업단체에의 참가에도 관심을 가지고 있다.

(9) 네덜란드의 CALS

네덜란드 국방성은 CALS에 대하여 매우 높은 관심을 나타내고 있으며, NATO의 활동을 활발하게 지원함과 동시에, 민간기업에 대한 청취조사 등 독자적인 조사를 실시하고 있다. 1992년에 PDI(Product Data Interchange)/CALS가 조직되어, 도로건축업계 등도 참가하고 있다.

(10) 스페인의 CALS

스페인 국방성이 SG/D의 활동을 지원하고 있으며, 국방 관련의 조달시에 CALS에 근거한 계약을 요구하고 있다. 산업계에는 CALS 산업단체가 설치되어 컨커런트 엔지니어링(CE), 로지스틱스 등의 연구가 실시되고 있다.

(11) 스웨덴의 CALS

스웨덴은 NATO의 가맹국이 아닌 관계로 SG/D 활동에는 직접 참가하고 있지 않다. 그러나, 1989년에 CALS 산업단체를 설립하여, 제품 데이티 교환 시스템의 개발에 적극적으로 참가하고 있다.

(12) 터키의 CALS

터키는 NATO의 SG/D 활동에 적극적으로 참가하고 있으며, 장래의 국제평가실험에 공헌할 것을 목표로 하고 있다.

▌▌ 아시아 태평양 지역의 CALS

(1) 오스트레일리아의 CALS

오스트레일리아 국방성의 주도하에 CALS 추진과 실현을 위한 전략이 수립되어, 적극적인 활동이 진행되고 있다. 아시아 태평양 지역의 CALS 추진을 위하여 1991년에 CALS PACIFIC을 개최하였다. 정부단체로서 CALS-DSC(Defense Steering Committee), 민간단체로서 CALS-DICG(Defense Industry Consultative Group)가 설치되어, 다음과 같은 활동을 실시하고 있다.

① 기술표준 및 통합화

② 훈련과 계몽

③ 애플리케이션의 도입

④ 기술개발

⑤ 방위 정보 시스템/출판 시스템

⑥ 법적 과제

(2) 대만의 CALS

대만에서는 국방성과 그 외의 정부가 중심이 되어 CALS & NII로서 대응하고 있다. CALS에 대한 대응이 적극적이며, CALS PACIFIC '94를 타이페이에서 개최하였다.

(3) 한국의 CALS

한국에서도 국방부 및 기존의 전자 데이터 교환(EDI) 추진조직이 CALS 대응을 시작하고 있다.

(4) 일본의 CALS

일본에서는 통산성의 고도산업정보화 프로그램에 EC/CALS가 검토되어, CALS 실증 모델의 개발을 위한 CALS 기술연구조합(Nippon CALS)이 1995년 4월에 설립되었다. 여기에서는 국제 비즈니스에 대응한 본격적인 일본판 CALS의 구축을 추구하고 있다.

 기 타

(1) 캐나다의 CALS

1993년에 현재의 전자 데이터 교환(EDI) 추진조직이 CALS 조직에 참가했다.

제 **8** 장

일본 제조업의 실태와 비전

이 장에서는

일본의 제조업이 추진할 CALS의

향후 방향에 대하여

살펴본다.

▮▮ CALS가 일본에 준 영향

(1) 일본의 쇠퇴

거품경제의 붕괴 이후, 일본에서 현재 제기되고 있는 문제는 정치적 및 사회적으로도 매우 심각하여, 그 해결책도 명확하지 않다. 그리고, "일본의 쇠퇴"라는 말이 자주 거론되고 있다. 일본 경제, 특히 제조업 활동에서도 엔고로 인한 일본 국내의 임금 및 제조 비용 상승, 이로 인한 기업측의 해외 생산증가, 국내 제조업의 공동화 현상, 그리고 종신고용, 연공 서열 등과 같은 고용제도의 재평가 등과 같은 해결책을 모두 강구하여도 경상수지의 계속적인 악화, 주가 폭락이라는 악순환이 계속되고 있다.

한편 정보통신을 중심으로 한 미국 제조업의 부활, 아시아 지역국가의 고부가가치 제조업 분야로의 진출 등 주변 경쟁 국가들의 적극적인 동향이 위기 의식을 고조시키고 있다. 물론 일본 제조업의 경쟁력은 여전히 강력하며, 21세기를 향한 부활 시나리오 구축 및 액션 플랜의 추진을 일개 기업의 입장으로서도, 또는 정책수립자의 입장으로서도 즉시 실행하여야 할 역사적 국면에 있다고 해도 과언은 아닐 것이다.

CALS에 대한 일본의 대응은 그 하나의 해결책이며, 일시적인 혼란을 각오하고 진행해야 한다.

(2) VE/EI 시대에 대한 대응

21세기로 향한 CALS 비전을 가상기업(VE) 또는 기업통합(EI)이라고 한다. 네트워크의 이용으로 세계의 기업정보를 공유하여, 가상기업체를 개개의 비즈니스에 적합한 형태로 다이나믹하게 제휴하거나 또는 해체한다. 기업내 조직도 정보공유를 전제로 철저한 비즈니스 프로세스 리엔지니어링(BRP : Business Process Re-engineering)이 추진되어, 기업간 전자상거래(EC : Electronic Commerce)에서는 종래의 수발주 및 배송 등의 전표 이외에도 설계도면, 의사록, 프리젠테이션 소프트웨어 등을 전자적(디지털 데이터)이며, 순간적으로 교환하는 Commerce At Light Speed(= CALS)의 세계이다.

이와 같은 비즈니스 스타일은 CALS가 아니라도 생각할 수 있는 이미지이다. 즉, 실현시기가 불명확하지만 산업사회의 발전상 불가피한 흐름인 것이다. 그러나, 이것은 계열기업 경영, 경쟁원리를 회피하는 일본 제조업의 풍토 등과 같은 이러한 기업풍토를 변혁하지 않고서는 결코 실시될 수 없는 비즈니스 스타일이다.

세계 비즈니스의 흐름이 이러한 방향이라면 일본만이 현재의 폐쇄된 체제(=쇄국)

를 계속 유지할 수 없다. 구미의 CALS 추진활동은 VE/EI를 조기에 실현하여, 일본에게 불가피한 선택을 요구하고 있다.

(3) CALS에 의한 정보 인프라의 표준화에 대한 대응

좁은 의미로서 DoD(미국방성)의 CALS 관련 MIL 규격에 따르는 것만이 CALS 제품이라고 하면, 미국은 이미 10년 이상의 실적이 있다. 일본의 정보통신 업계는 이러한 관점에서 감안하여 미국의 소프트웨어에 또 다시 석권된다고 우려하고 있다.

물론, CALS는 기본 표준(경쟁 원리의 결과로서 사실상의 업계 표준)이 아니라, DoD도 각종 정보 비즈니스 프로토콜 규격의 선정에 기존의 ISO 및 ANSI 등의 표준 규격을 사용하고 있는 것을 제 4 장에서 소개하였다. 그러나, 표준규격이라고 하여 규격화 활동의 과정 및 제품화 활동의 결과가 비즈니스에 영향을 주는 것은 중요하며 엄연한 사실이다.

일본은 CALS에의 대응이 뒤늦음을 문제시하는 것보다도 과거에 ISO 등과 같은 국제 표준화 활동 등에 전략적 대응이 부족함을 반성해야 할 것이다. 바꾸어 말하면, CALS 추진 활동의 추이에 따라서는 DoD의 CALS 규격 이외에도 각종 CALS가 상호 호환성을 유지하면서, 국가별, 업계별로 탄생될 가능성이 있다.

일본의 상황 및 일본의 전략에 적합한 CALS는 일본 이외의 국가가 구축하여 주는 것은 결코 있을 수 없다. 일본에 적합한 CALS는 일본 스스로가 구축하여야 한다는 것을 인식하여야 한다. 세계 표준으로 향한 CALS의 이상은 높지만, 표준화 및 규격화에 대응하여 자신의 의견을 주장하는 노력이 필요하며, 이러한 노력이 정보통신 업계뿐만 아니라 일본 제조업의 장래 및 세계의 CALS 보급에 기여하는 것이다. 일본은 일본이 보유한 국력에 비례하여 CALS에 대한 권리와 의무가 있는 것이다.

다음에는 이미 일본이 진행하고 있는 21세기를 향한 생산력 강화의 사례 소개 및 일본의 문제점, 과제를 확인하고, CALS를 구축하기 위한 액션 플랜을 제언한다.

▌▌ 21세기에서의 생산력 강화를 어떻게 할 것인가?

일본의 기술 과제를 정리하기 위하여 각 기관이 수행하는 기술 개발을 소개한다. 그리고, CALS는 현재의 과제 해결에 초점을 두고, 장래의 기술과 연결하는 유일한 포괄적인 기술 조정기관으로 취급할 필요가 있다. 일본의 선행적인 기술 표준의 개발이 CALS의 연장선상에 있을 것으로 기대하며 소개한다.

(1) 각 공업회의 생산력 강화 구상

① 일본 전자공업진흥협회(JEIDA)의 FFS(Future Factory System) 구상

(社)일본 전자공업진흥협회 FFS 조사위원회가 1984년부터 5년간 조사·연구하여, 21세기 초기에 구현될 미래 공장의 생산시스템 개념으로서 FFS를 제언하였다. FFS는 미래의 제조업에서는 개인의 기호를 중요시하여 거의 주문품과 같은 제품(커스터마이징 제품)을 수요에 따라 공급 가능하게 하는 생산시스템 구축이 과제가 될 것이라고 한다. 장래의 생산시스템은 제품 시방이 다양화되고, 그 수량도 변동하기 때문에 변종·변량 생산에 유연하게 대응이 가능하여야 한다고 해서, 변종·변량 생산시스템을 구성하는 요소·조건으로서 다음의 두 가지를 제언하였다.

(1) 호로닉 생산시스템(자율분산 생산시스템)

변종·변량 생산시스템에서는 환경변화 및 생산형태에 따라 생산시스템의 기능이 자유롭게 자기증식·축소함과 동시에 기능 그 자체가 필요에 따라 변경 가능한 자율적인 생산시스템이 요구된다. 자율적인 기계가 시스템을 구성하여, 생산형태에 따라 자기증식 및 변경이 가능한 경우를 호로닉(Horonic)이라 하며, 생산시스템 전체의 목표 달성을 추구하여 전체와 개별 시스템이 협조적으로 작동하는 생산시스템을 호로닉적인 생산시스템이라 한다. FFS는 커스터마이징 제품을 변종·변량적으로 호로닉 생산시스템(Horonic Manufacturing System)을 이용하여 생산하는 것이 미래공장의 이상적인 시스템이라고 생각한다.

(2) HIM(Human Integrated Manufacturing system)

FFS에서는 21세기 초기에 모든 자율기계로 호로닉 생산시스템을 구축하는 것은 현실적으로 불가능하며 유효한 방법이 아니라고 생각하였다. 따라서 모든 인간의 창의 및 변화에 대한 유연성을 최대한으로 활용하며, 인간의 성취도도 고려한 인간계를 포함한 호로닉 생산시스템으로서 HIM을 지향하여야 한다고 주장한다.

② 일본 전자공업진흥협회의 NFS(New Factory System) 구상

(社)일본 전자공업진흥협회에서는 1989년부터 FFS의 결과를 기반으로 하여 보다 구체적인 조사·연구를 실시하여, 1990년대 후반의 생산시스템으로서 NFS를 제언하였다. NFS는 FFS의 한 분류로 취급하며, 현재의 CIM(Computer Integrated Manufacturing : 컴퓨터 통합생산)의 연장선으로 고려할 필요가 있다고 생각하여, 현재의 많은 기업이 운영중인 CIM에서 FFS를 구현하는 과정에서 실현되는 생산시스템을 NFS로 정의하여, 그 개념의 명확화 및 NFS 구축시에 필요한 요소기술을 조사·연구하였다.

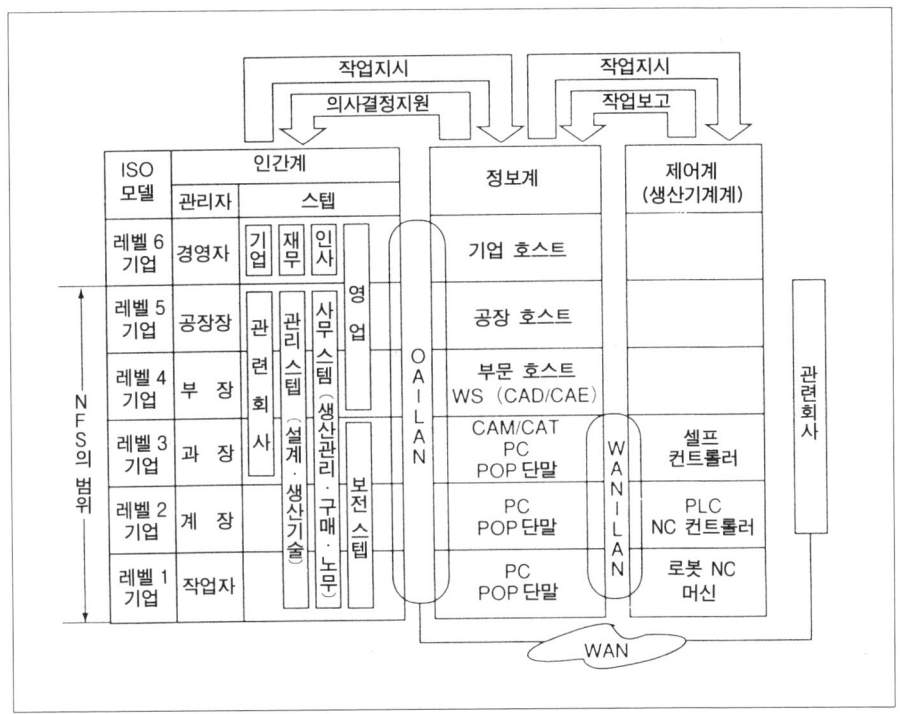

(출처) 「뉴팩토리·시스템(NFS)에 관한 조사연구 보고서」, 일본 전자공업진흥협회, 1991년 6월

그림 8.1 뉴팩토리 시스템(NFS)의 구성

NFS에는 8업종, 각 5개사의 총 40개 사를 대상으로 하여 변종 변량 생산방식의 실태와 장래 동향에 대한 앙케이트와 인터뷰 조사를 실시하여, 「생산하는 제품의 종류가 1000종 이상이며, 1일당 생산하는 제품 중에서 많은 경우에는 500 종류 이상 변동하며, 생산량도 1일 최대 1만개 이상 변동하는 것과 같이 종류와 양에서 크게 변동하는 시장수요에 대응하여, 제품을 수주(受注) 후 1일만에 생산할 수 있다」는 것을 변종변량 생산방식으로 정의하였다.

이와 같은 변종변량 생산에 대응 가능한 생산시스템은 인간계, 정보계 및 제어계 (생산 기계계)로 구성되며, 이 3계통을 ISO의 FA(Factory Automation) 표준 모델에 대응시키면 **그림 8.1**과 같이 된다.

생산 기계계는 FFS에서는 호로닉한 자율 기계계로 구성되지만, NFS에서는 2000년까지는 호로닉한 자율 기계계를 실현하는 것은 곤란하다고 생각하였다. 변종변량에 대응하기 위한 기계 교체 및 공정 변경의 판단과 실시는 전문가시스템 등의 지원하에 사람이 중심이 되어 수행되어야 한다고 생각한다.

NFS가 대상으로 하는 업무의 범위는 **그림 8.2**와 같다.

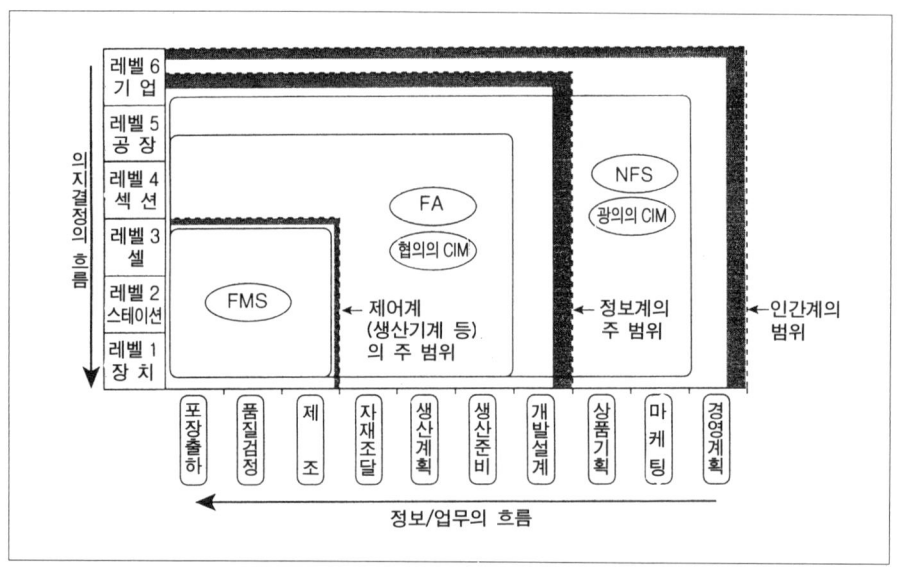

(출처)「뉴팩토리 · 시스템에 관한 조사연구 보고서」, 일본 전자공업진흥협회, 1991년 6월

그림 8.2 뉴팩토리 시스템(NFS)의 범위

NFS는 광의의 CIM과 같은 범위로 정의되지만, 마케팅, 상품 기획 및 상위의 개발설계 등과 같은 종래의 CIM에서는 시스템화가 곤란하였던 영역도 포함한다.

③ **공업기술원 기계기술연구소의 에코 팩토리 기술 구상**

공업기술원 기계기술연구소는 공업 분야에서 경제적 및 기술적 발전에 악영향을 주지 않고, 지구환경 문제의 해결에도 기여하는 차세대 기계기술로서「에코 팩토리 (Ecofactory : Ecology Based Factory 또는 Ecologically Conscious Factory)」의 개념을 제언하였다.

「공업활동과 지구 생태계의 조화」및「공업생산 · 환원 프로세스의 지구 생태계 대순환 사이클의 통합화」를 목표로 하고 있다. 가공조립형 산업의 제품을 대상으로 한 에코 팩토리 기술은 **그림 8.3**에 나타낸 바와 같이「생산계」와「환원계」로 구성된다. 그리고, 각 계의 구성기술 내용은 다음과 같다.

(1) 생산계

생산계 부하(負荷)가 적은 제품을 개발 및 설계(Ecoproduct Design)하기 위한 제품기술과 생태계 부하를 최소화하는 제품 생산을 위한 생산설계 기술 및 생산 관리 기술(Ecoprocess Control)로 구성된다. 이러한 기술에 의하여 철저한 에너지와 자원의 절감 그리고 제품 폐기후의 리사이클을 촉진한다.

(2) 환원계

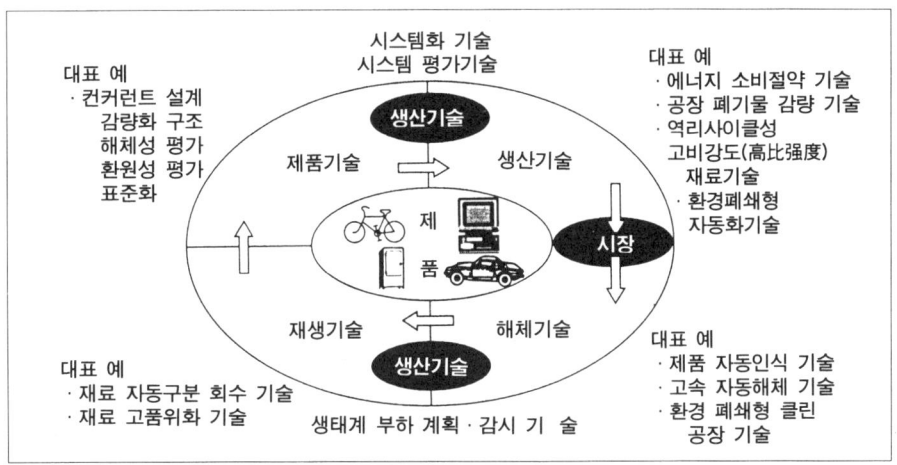

(출처) 이노우에히데오 「에코 팩토리 기술」, 일본 기계학회지, Vol.95, No.884
그림 8.3 가공조립 제품을 대상으로한 대표적인 에코 팩토리 기술

폐기된 조립제품을 자동적이며, 효율적으로 해체하는 기술과 해체품을 재자원화(리사이클)하여 고품질의 재료로 재생하는 기술로 구성된다. 에코 팩토리의 마지막 단계인 자원 재생 공정을 간소화하기 위해서는 초기 단계인 제품설계 단계에서 제품의 구조 및 사용재료를 연구하는 것이 중요하다.

에코 팩토리에는 생산성, 경제성, 성능, 시장성 등의 종래의 평가 척도뿐만 아니라 지구 생태계 부하 기준에 따라 생산계 및 환원계 프로세스가 지구 생태계에 미치는 부하의 경감 및 생산된 제품이 지구 생태계에 부과하는 부하의 경감을 추구하는 것이 중요하다.

(2) 국제 생산력 강화를 위한 국제 프로젝트 IMS 프로그램

동경대학의 요시가와 히로유키(吉川弘之) 교수(현 총장)가 제언한 「기술 글로벌리즘(Technology Globalizm)」에는 기술적 지식의 많고 적음의 편재가 국가간 및 지역간 부(富)의 편재를 발생시킨다고 생각하여 생산에 관한 지식을 체계화하여 확산시킴으로서, 부의 불균형이 완화된다고 생각하였다.

이를 위해서는 개발 경쟁 후(post compatitize) 및 개발 경쟁 전(pre compatitize)의 공공지식에 관한 국제공동 연구가 필요하다. IMS(Intelligent Manufacturing System : 지적 생산시스템) 프로그램은 이러한 구상에 따라 일본의 학계 및 산업계의 전문가 그룹이 국제공동 연구의 필요성을 제안하여, 통산성의 지원으로 (財)국제 로봇 · FA 기술 센터 산하의 IMS 센터가 추진하고 있는 국제공동연구 프로그램이다.

세계의 제조업은 기업활동의 글로벌화, 「자동화의 고립화(Island of Automation)」 현상의 대두, 기술체계의 정비 부족, 노동환경의 변화, 환경·자원문제에 대한 대응, 연구개발에 대한 투자 증대라는 공통 과제를 가지고 있다. IMS 프로그램은 이와 같은 다양한 구조적 과제를 국제적인 공동연구를 추진하여 해결하며, 제조기술 연구개발의 효율화와 제조기술의 국제적인 공유를 증대시켜, 선진국뿐만 아니라 개발도상국에서의 제조업의 건전한 발전을 위한 「협조체제하의 경쟁 및 기술 세계화」 실현을 목표로 한다. IMS 프로그램의 목적은 **표** 8.1에 IMS 프로그램의 효과는 **표** 8.2에 나타낸 바와 같다.

표 8.1 IMS 프로그램의 목적

① 제조 오퍼레이션의 고도화
② 지구환경의 개선
③ 자원의 이용효율 개선
④ 신제품 등의 공급에 의한 사회생활 향상
⑤ 제조환경의 개선
⑥ 제조에 관한 지식을 차세대에 계승하기 위한 학문의 발전
⑦ 생산의 글로벌화에 대한 대응
⑧ 시장의 확대화 및 오픈화
⑨ 제조에 관한 전문의식의 고양

표 8.2 IMS 프로그램의 효과

① 산·학·연이 참가하는 국제협력의 촉진
② 연구 개발 리스크의 분산과 중복 투자의 회피
③ 국제 표준화 촉진
④ 세계시장에서의 상호이해 촉진
⑤ 연구성과의 국제적 보급 촉진

국제공동 연구의 실시에 있어서 종래에 공동 연구가 곤란하였던 점은 제조업에서 기업 경쟁력의 원동력이 되는 제조기술·생산시스템 분야상의 통상마찰, 기술마찰 등 국익(國益)과 이해(利害)가 상호 대립되는 국제 간의 공동연구가 실현 가능한 것인가가 문제시 되었다. 따라서, 1993년 2월부터 1994년 2월까지 실현 가능성에 대한 검증과 본격적인 IMS 연구 테마의 도출을 목적으로 국제 컨소시엄에 의한 실증연구가 **표** 8.3과 같이 실시되었다.

국제실증 연구의 결과에 따라 1994년 1월의 국제운영위원회에서 「본격적인 IMS 프로그램이 실행 가능하며, 조속히 시작해야 한다」라고 합의가 되었다.

표 8.3 IMS 프로그램 국제실증 연구의 내용

연구 내용	참가국 및 단체	참가 파트너 수
프로세스 산업에서의 클린(clean) 제조	캐나다, EC, FETA, 일본, 미국	8기업, 3연구기관, 1대학
글로벌적 제조를 위한 컨커런트 엔지니어링	캐나다, EC, FETA, 미국	11기업, 5대학
글로벌 생산을 위한 기업통합	호주, 캐나다. EC, FETA, 일본,미국	22기업, 7대학
호로닉 제조 시스템	호주, 캐나다. EC, FETA, 일본,미국	17기업, 3연구기관, 12대학
신속한 제품개발	호주, 캐나다. EC, 미국	7기업, 3연구기관
지식의 체계화	캐나다. EC, FETA, 일본,미국	22기업, 2연구기관, 8대학

이 합의에 있어서는 당초 일본이 제안한 지적 생산시스템의 확립을 목표로 한 공동연구에서 제조업에 관련된 제품의 모든 라이프사이클을 대상으로 한 공동연구 개발로 대상범위가 확대되었다. 국제운영위원회에서 최종적으로 제안된 IMS 프로그램의 대상은 다음의 5가지이다.

① 제품의 통합 라이프사이클
  ● 생산시스템의 미래형 통합 모델. 어자일 기업(Agile Manufacturing), Fractual Factory 등.
  ● 제조정보 처리용 지적 통신 네트워크 시스템
  ● 환경보호, 에너지 및 자원 절약, 리사이클, 경제성 평가에 관한 문제.

② 제조법
  ● 클린(Clean) 제조법, 에너지 절약 제조법.
  ● 생산기술의 혁신에 관한 것. 래피드 프로토타입(Rapid Prototype) 방법을 활용한 신속한 생산기술 등.
  ● 생산시스템을 구성하는 가공 모듈의 유연성과 자율성에 관한 문제.
  ● 생산시스템을 구성하는 각 요소와 기능 간의 협조에 관한 문제.

③ 전략/기획/설계용 툴
  ● 비즈니스 수법의 재편성을 지원하는 툴.
  ● 생산전략의 분석, 개발을 지원하는 모델링 툴.
  ● 가상기업 환경하에서의 설계 지원 툴.

④ 인간/조직/사회환경
  ● 제조업의 이미지 개선에 관한 것.

- 제조업 종사자의 능력 확대, 교육에 관한 문제.
- 기업내의 기술 지식 보존에 관한 문제.
- 새로운 제조 구상의 효과 측정법 등.

⑤ 가상/확장(virtual/extended)기업
- 확장기업내의 전 부문에 관여되는 정보 및 로지스틱스의 정의·지원에 필요한 방법의 개발.
- 확장기업내 전반에 걸친 기술적 협력 활동을 가능하게 하는 조직을 구성하는 방법(예를 들어 컨커런트 엔지니어링(CE))의 개발.
- 확장기업내의 각 구성요소에 대한, 비용, 신뢰성 등을 분석하는 기술 개발.
- 확장 기업내의 각 프로젝트 팀 간의 협조에 관한 문제.

여기에서 확장기업이란 시장변화에 즉시 대응하여 재편성이 가능한 제조 수법을 상세하게 가상적으로 표현하여, 최종적인 형태를 결정하는 수법을 말한다.

IMS 프로그램은 10년 계획으로 1995년부터 시작되었다. 테마는 기술의 변화를 고려하여 3년마다 재고하도록 되어 있다.

(3) 일본의 CALS 유사 사례
① 전략적 사업협력 체제의 실태

일본에서는 장기적인 경제활동의 침체, 급격한 환율 변동, 미국 기업의 코스트 경쟁력 재구축과 급격한 추격, 무역 흑자에 따른 국제 마찰 및 기술 혁신력의 쇠퇴 등으로 인하여 시장 환경이 격변하고 있다. 일본 기업은 종래의 일본형 기업형태를 재검토하여, 급속하게 변화하는 환경에 신속한 대응이 필요하게 되었다. 하나의 기업이 단독으로 모든 것을 자급자족하는 것으로서는 시장 변화에 유연하게 대응하는 것이 곤란하게 되었다. 효율적인 문제해결을 위해서는 종래의 틀을 타파하고 유연하게 기업 간의 관계를 재고하여 경쟁 상대와도 적극적인 협력관계를 구축하며, 자사, 타기업, 고객의 사이를 상호 보완하여 공생 개념에 따라 유연하게 순응·적응하는 기술 전략 및 시장전략으로 경영하는 것을 기업 과제로 삼고 있다.

이와 같은 상황에서는 경영의 목적도 변화되어, 생산량, 판매량, 시장점유율 등의 확대를 추구하기보다는, 어떻게 하면 고객만족을 향상시키고, 고객의 요구에 즉시 대응 가능하며, 최소의 비용으로 최대의 효과를 얻는가하는 것이 중요하게 인식되고 있다. 경쟁해야 할 내용은 「고객에게 있어서 보다 나은 상품 제공」

으로, 높은 고정비를 부담하면서 매출 경쟁 및 시장점유율 경쟁을 계속하는 것은 기업 발전의 장해가 된다. 기업의 독자적인 다중 투자 및 고객에게 의미가 없는 횡적인 경쟁에 의한 차별화는 최종적으로 고객에게 비용을 전가하는 결과가 된다. 고객주도형 환경에서는 코스트 절감이 모든 기업의 공통 과제이며, 생산활동의 초기단계인 연구개발에서부터 개발·설계, 조달, 제조, 판매, 물류에 이르기까지 전 공정에서 코스트 삭감이 요구되고 있다. 또한, 한정된 지구 자원의 효과적인 이용이라는 관점에서도 기업의 다중 투자는 지구의 부하를 증대시키는 문제가 되고 있다.

전략적 사업협력은 기업활동의 초기 단계에서 최종 단계까지, 유연한 전략 제휴 및 업무대행이라는 형태로 실시되고 있다. 계열 기업내의 제휴 또는 자본제휴 등에 의한 고정적인 제휴관계가 아니라, 자본관계로 종속되지 않는 대등한 기업제휴로 사업을 전개하여, 고객만족 향상을 추구하는 경영전략이다. 표 8.4와 같이, 다중 투자를 회피하기 위하여 상호 정보를 공개하며, 규정된 기간별로 성과 및 향후의 가능성을 상호 검증하면서, 상호공유, 공통화, 협동화를 도모하는 것이다.

표 8.4 전략적 사업협력 체제의 사례

제 휴 내 용	제 휴 사 례	제 휴 기 업
생산재의 공유·표준화	자동차 표면처리 강판의 규격 통일화	도요타자동차, 닛산자동차, 신일본제철(주)
	예비부품 및 조달·보관창고의 공유화 부품의 점검·보수의 분담화 (차기 주력기인 B777형 기에 대해서)	전일본항공, 일본항공
	신약의 협동개발·판매	화이자, P&G
연구·개발·서비스의 협동화	신약의 공동 임상실험	미쯔비시화학, 중외제약
	의약품의 효과와 부작용을 해명하기 위한 임상기록과 의약품의 부작용에 관한 통합적 데이터 베이스 구축	일본 RAD-AR 협의회 (일본내 주요 제약기업 11개사), 관동체신병원(關東遞信病院)
	휴대 정보단말기 개발(가전제품기술과 컴퓨터기술의 상호보완)	Apple, 도시바, Sharp
	사회 친화형 상품의 개발	동경 크리에이티브 (유통, 가전, 주택기기, 건설업, 자동차 등 14개 기업으로 된 이(異)업종 교류그룹)
	다국적 기업용 국제 통신 서비스 구축	AT&T, KDD, ST 등
유통경로의 공동 구축	아이스크림의 공동배송	에자끼 구리코, 가네보식품, 모리나가제과
		모리나가제과, 롯데
	슈퍼의 기존 점포를 이용한 자동차 판매망 구축	스즈끼, 세이유

② 컨커런트 엔지니어링(CE)과 정보공유

컨커런트 엔지니어링(CE)은 서로 다른 부문 간의 정보공유를 대전제로 하지만, 그 개념은 미국과 일본에서는 차이가 있다.

미국에서는 컨커런트 엔지니어링 실현을 전제로 하여 일관된 통합 환경을 구축하며, 또한 종래로 부터 전문기술자가 독립하여 작업을 실시하였던 관계로 그 대응이 정보통합 기술 및 조직통합 기술에서도 컴퓨터 지원기술의 형태를 취하였다. 그러나, 일본은 커뮤니케이션의 한 방법이라는 특징이 강하며 꼭 컴퓨터에 의존한 것은 아니었다. 이것은 결과적으로 융통성 있는 정보공유를 실현한, 종래의 일본 제조업의 강점이었다.

그러나 최근엔 이러한 불명확한 서로 다른 부문 간의 협력관계를 재평가하여, 조직적, 시스템적 접근으로 성과를 달성하는 사례도 많이 보고되고 있다. 이와 같은 이유에서 일본의 정보시스템 개발에서도 통일적인 모델 구축이 아니라, 기존 시스템 간의 데이터 및 모델 변환 기능을 향상시키는 경향이 고조되었다. 결과적으로 일본과 같은 기업 풍토에서는 통합화된 컴퓨터 지원 환경보다는 각 부문이 상호 밀접하게 협력하는 자율 분산형의 환경을 추구하는 형태로 발전되었다고 할 수 있다.

대표적인 일본의 컨커런트 엔지니어링(CE)에 대응한 예는, 전술한 에코 팩토리(생산－소비－폐기라는 제품의 라이프사이클이 지구 생태계에 미치는 영향을 고려한 새로운 생산기술의 개념 「글로벌 컨커런트 엔지니어링」이라고 한다) 및 IMS 등이 있다. 또한, PDM(Product Data Management)시스템이라는 제품 설계·생산에 관한 기술 및 관리 데이터를 일원적으로 관리하기 위한 시스템을 구축하여, 컨커런트 엔지니어링을 지원하는 핵심 기능으로 활용하고자 하는 대응도 시작되고 있다. 이미 많은 미국의 제조 메이커가 PDM 시스템을 이용하여 제품구성 정보, 설계 프로세스 정보, 프로젝트의 정보 관리를 실시하고 있지만, CALS가 주장하는 로지스틱스 및 폐기까지를 포함한 CALS 개념이 향후 주류가 될 것으로 생각된다.

③ EDI(전자 데이터 교환)

일본에는 약 5만개 사 이상에 전자 데이터 교환(EDI : Electronic Data Interchange)이 보급되어, EDI의 보급 및 이용 형태에서 구미와 비교하여 그렇게 열세한 것은 아니다. 그러나 업종별, 기업별로 고유의 EDI 방식이 병존하여, 인프라로서의 EDI화가 불충분하다. 그리고, 국제표준 EDIFACT 또는 미국 표준

ANSI X.12에 대한 대응이 늦음을 우려하는 것보다 일본의 EDI를 CALS의 조류(리얼타임 인터페이스로 활용 및 기술 데이터의 전송)에 맞추는 것이 중요하다.

(1) 일본의 EDI 표준화 현황

금융업계 및 유통업계에 보급되고 있는 전자상거래(EC)의 네트워크도 처음에는 EDI가 아니라, 개별 기업이 개발하여 거래처별로 독자적으로 사용되었던 EOS(Electronic Ordering System : 전자발주 시스템)이다. 이것은 네트워크를 구축하는 기업의 논리에 따라 시스템화를 진행한 것이었으므로 거래처측에 "다단말화 현상"과 "각종 지정장표를 사용한 전표 홍수"의 결과를 초래하게 되었다. 이를 개선하고자 하는 것이 EDI이다. EDI란 전자상거래를 가능한 한 넓은 범위에서 표준화된 통신 프로토콜로 사용함을 목적으로 한다.

80년대 중반부터 본격화된 일본의 EDI 보급의 특수성은 금융업계, 유통업계, 전자기계업계, 자동차업계, 건설업계, 철강업계, 석유업계 등의 업계 단위, 소위 상향식 방법(bottom-up)으로 EDI를 구축함으로 인해, 복수의 업계 EDI도 병존 발전된 것이다. EDI가 독점적이라는 비판도 있지만, 이용 범위를 한정하여 관계자와의 합의가 쉽고, 완성도가 높은 EDI 보급을 추구한 것이 일본적 접근이라고 할 수 있다.

일본 EDI의 발전·추진에 중심적인 역할을 한 기관은 (財)일본 정보처리개발협회(JIPDEC) 산하에 1985년에 설립된 산업정보화추진센터(JIPDEC-CII)이다. CII의 표준화에 관한 공헌은 국제표준 EDIFACT에 포함되어 있지 않는 일본어 대응을 추진하였고, 전 업계가 이용 가능한 일본 표준 EDI인 「CII 표준」을 개발하여 제정한 것이다.

CII 표준의 초판은 1991년에 개발되었고, 현재는 전자거래 교환정보의 확장 및 타 EDI와의 교환규약 등에 관한 개발이 진행중이다. CII 표준은 각 업계별 운용실험을 계속하여 착실하게 보급 확대되고 있다(1994년 시점에서 일본 국내 이용의 약 5%). CII 표준과 종래의 업계 EDI와의 관계는 이들을 서브셋화하여 상위교환을 도모하는 등, 기존의 EDI 이용자가 수용하기 쉬운 환경을 고려하고 있으므로 협조적이라고 말할 수 있다.

국제표준 EDIFACT와의 관계도 일본어 대응(2바이트 코드)의 특징을 활용하면서 변환측을 확보함으로써 상호간을 인정하면서 상호 개발 발전을 추진하여 향후에는 세계 통일 표준 EDI로 이행하는 것이 일본 EDI 표준화에 대한 시나리오이다(**그림** 8.4).

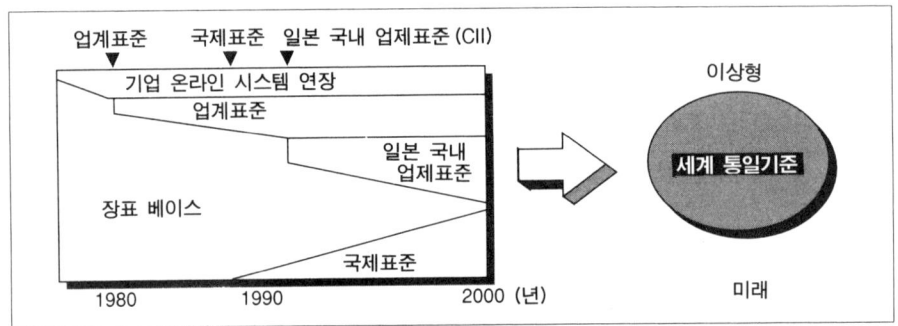

(출처) JEDIC 자료 변경

그림 8.4 일본의 EDI 표준화의 시나리오

EDI의 일본 국내 추진기관 및 보급활동의 중심적인 역할 수행을 위하여 1992년에 EDI 추진협의회(JEDIC)가 설립되었으며, JIPDEC-CII가 사무국을 운영하고 있다. 한편, 국제표준 EDIFACT 개발활동 참가는 JEDIC의 협조 하에 (財)일본 무역관계 수속간이화협회(JASTPRO)가 대응하고 있다. 또한, JIPDEC-CII와 연대하는 각종 업계 EDI별 추진 기관이 있다.

(2) EDI의 이용발전 상황

최근의 일본 국내 EDI 사례를 몇가지 소개한다.

먼저, 기업이 정보를 서로 공개하고 전자거래를 진화·발전시키고자 하는 사례로서 1994년부터 가동하고 있는 쟈스코와 가오우(花王)의 EDI 자동발주 시스템이 있다. 이것은 쟈스코가 전 점포에서 수집하는 POS(Point Of Sales : 판매시점 정보관리) 데이터를 매일 온라인으로 가오우(花王)에 제공함으로써 가오우가 이 데이터를 활용하여, 각 점포가 필요로 하는 상품을 자동적으로 보충하는 시스템이다. 교환하는 상품 코드에는 JAN 코드를 사용하였으며, 발주, 납품처리 등에도 광범위하게 EDI를 적용하여, 양사 간의 거래 업무에 대폭적인 합리화가 가능하게 되었다.

업계 EDI의 활용 사례로서 일본 자동차공업협회가 있다. 업계 EDI 자체는 특별한 것은 아니지만, 과거 일본 자동차 업계의 EDI(전자발주 시스템(EOS))가 각 메이커별로 독자적 발전되어 온 상황은 일본경제에서 자동차 업계가 차지하는 중요성을 감안할 때, 일본 EDI의 표준화가 진척되지 않는 전형적인 예로 자주 지적되었다. 결국, 1995년 중에 일본 자동차공업협회의 표준 EDI 제정이 발표되었으며, 이것을 기회로 일본의 EDI 이용이 다른 업계도 포함하여, 광범위하게 촉진될 것으로 예상된다. 이 배경에는 구미 등 해외 자동차 부품의 횡적, 국제적 조달의 동향이 있으며, 일본의 계열문화를 붕괴시키는 큰 흐름의 일환으로 보아야 할 것이다.

EDI의 국제협력으로서 국제표준 EDIFACT의 지속적인 대응 사례를 소개한다. 일본 전자기계공업회(EIAJ)는 1991년부터 미국 전자업계(EDIX), 유럽 전자업계(EDIFICE)와 합동으로 국제 전자업계 EDI의 검토 작업을 진행하고 있다. 건설업계에도 EDI 추진조직인 CI-NET가 미국 건설업계의 동종 조직 CIAG와 정보교환을 실시하고 있다.

마지막으로 1994년도에 실시된 전자기기업계 NEC/후지쯔/히다찌와 관련된 복수의 물류업사(物流業社)가 추진하는 공동배송 EDI의 추진 사례이다. 종래의 전자 EDI는 수·발주(受·發注)처리가 중심인 상업용 EDI이지만, 다음 단계로서 진행되는 물류업자의 상품 운송과 같은 물류처리에 EDI의 적용이 주목되고 있다(쟈스코, 가오우의 예도 같다).

현재의 EDI 추진에서는 CII 표준의 범용성이 있는 규격을 활용하여, 기업계열 조직을 초월한 공동배송 EDI를 실현한 것에 의의가 있다. 한편, JIPDEC-CII에는 다음의 EDI 발전의 테마로서 지불청구 등과 같은 금융처리의 EDI화를 검토하고 있다.

(3) CALS의 관점에서 본 일본의 EDI

일본의 EDI는 각종 업계 EDI가 병존하지만 JIPDEC-CII의 리더쉽 등에 의하여, 꾸준히 보급·표준화가 진행되고 있다. 국제표준 EDIFACT의 보급률만이 EDI화의 척도는 아니다. CII표준에서 본 변환측(Translator)을 준비함으로써 적정한 수의 EDI의 병존은 인프라 구축이라는 관점에서도 허용 가능한 것이며, 먼저 보급한 후 단계적으로 통합화하여 가는 것이 확실한 방법이라고 말할 수 있다.

비교하면, CALS 관련의 표준사양인 SGML(Standards Generalized Markup Language : 표준 마크업 언어) 및 제품모델 데이터 교환규격 STEP(Standards for the Exchange of Product Model Data)에서도 이용자의 범위, 이용 내용에 따라 각각의 문서형 정의(DTD : Document Type Definition), 업종별 애플리케이션 프로토콜 규격(AP : Application Protocol)이 필요하다. 즉, 복수의 DTD 및 AP의 존재와 변환측이 준비하는 업계 EDI의 병존과는 큰 차이가 없다. 그러나, CALS가 목표로 하는 비즈니스 데이터의 실시간 접근을 위한 통신 인프라 및 기술 데이터·비즈니스 데이터의 통합에 EDI를 이용하는 것에는 향후 CALS의 동향을 주시할 필요가 있다.

④ **자동출판**

자동출판은 문서를 자동적으로 출판하는 것을 말한다. 그러나, 모든 출판공정을 자동화한 것이 아니라, 일반적으로 다음과 같은 출판의 부분 공정을 자동화함을 말한다.

　① 문자의 수집(워드프로세서로부터 복사, 전자식자)

　② 편집의 자동화(편집체제의 자동작성)

　③ 배치의 자동화(지면 할당)

　④ 조판의 자동화(다출판 매체의 대응)

　⑤ 출력의 자동화「소프트웨어 카피(파일 등록, 화면표시)」

　⑥ 배포의 자동화(통신회선 경유의 출판, 방송)

문자의 수집 공정은 일본어 워드프로세서의 보급에 따라 입력공정의 대부분을 원고작성자가 직접 실시하게 되었다. 그리고 컴퓨터를 사용한 경우에는, 논리적인 사고에 중점을 둔 문서 작성법으로 이행하고 있다.

각 워드프로세서의 고유 양식이 존재하여 전자문서가 서로 다른 워드프로세서와 상호교환이 어렵다는 과제가 남아 있다. 이러한 경우에 CALS 시방에 따라 공동 문서로 작성하면 공유 가능하게 된다.

편집 및 배치의 자동화는 학회지 등에서 LaTeX로 논리 문서를 작성하며, 편집자는 이들을 합성하여 자동 편집을 실시하여 TeX 파일로 변환하여 초판을 작성하고 있다.

조판의 자동화 부분에서는 전자원고에서 편집체제를 변경하는 것으로 종이, 필름에서 CD-ROM으로 출력의 전환도 가능하다.

이와 같은 전자문서의 특성은 전자문서의 논리적인 구조가 다음 과정으로 전달 가능하다는 것이다. 이러한 논리기술의 표현방법으로서는 LaTeX, SGML, ODA 등이 주목되고 있다.

출력의 자동화 부분에서는 다양한 폰트를 이용한 문서출력 방법, 특히 화면출력의 자동화가 가장 주목 받고 있는 부분이다. 이 방법은 온라인 메뉴얼에도 사용되고 있으며, 항공기의 운용 정비 메뉴얼이 CD-ROM화하여 유효성이 입증되고 있다. 그리고 최근 WWW(World Wide Web) 서비스와 같이 문자, 그림, 사진, 영상 등을 혼합한 대화형 문서 출력이 발전하고 있다.

특히, WWW 서비스는 컴퓨터 대 이용자 간에 GUI(Graphic User Interface)

를 도입하여, 습득이 간단하며, 다매체적이고, 그림뿐만 아니라 동화상도 제시 가능하며, 네트워크상에서 저장위치에 구애받지 않는 등, 특징이 있다.

WWW 서비스의 기능을 사용하면, 다매체 데이터베이스의 제공 서비스, 홍보 수단, 대화형 매뉴얼 작성, 대화형 영상 송수신 서비스 등을 구현할 수 있다.

현실적으로 대화형 전자 메뉴얼(IETM)의 구축이 추진되고 있다. 대화형 전자 메뉴얼의 구성방법은 종이로 제시하는 것에 비하여 필요한 부문을 대화적으로 레 벨 설정할 수 있기 때문에 사용자의 이해를 돕고, 더 나아가서는 판매도 촉진시킬 것이다. 예를 들면, 사용자에게 텔레비전 방송 프로그램의 예약 방법이나 WWW 서버 취급법 등이 검색만으로 제시되어지면 사용자에게 많은 도움을 준다.

CALS에서의 자동출판은 21세기로 향한 기반구축을 목적으로 하는 바 다음과 같은 목표를 설정한다.

① 전자 문서는 문자부호도 포함한 통일된 공통 문서 양식일 것.

이것이 가장 중요한 개념이다. CALS라는 이름에서는 어떠한 기계로 작성 된 문서도 서로 상이한 기계에서 완전히 재생할 수 있는 것을 추구한다. 이렇 게 되면, 이용자의 데이터가 지속적으로 사용되게 된다. SGML로 기술한 것 만으로는 CALS에 대한 충분한 대응이 되지 않고, 문자부호, 그림의 부호화, 문서 구조의 광역성이 구비된 후에야 CALS에 대응하였다고 말할 수 있다.

② 종이로의 출력이 부적절한 문서는 대화형 전자문서로 작성한다.

대화형 문서는 종이에 인쇄할 것을 상정한 문서와는 논리구조 및 임시적인 편집체제, 대화형 등의 면에서 크게 다르다. 따라서, SGML을 사용하여도 종 래의 인쇄를 지향한 정의 방법과는 상이할 것이다.

③ 전달은 전자적으로 실시하며, 종이를 사용하지 않는다.

즉, 워드프로세스로의 인쇄 및 팩스를 사용하지 않는 것이다. **그림 8.5**에 공 통 문서로서 교환하는 경우 SGML 문서의 교환 모형을 나타내었다.

현재 이러한 양식은 응용 소프트웨어 고유의 양식으로 되어 있는 것(CALS 추 진 이전)이 많지만, 전자적으로 교환하는 경우, 즉 데이터 체계의 상층에서 하층 으로의 교환성은 전자문서 출판에 있어서 중요한 요건이다.

향후에는 어떠한 컴퓨터의 파일이라도 부호를 동일하게 하여, 편집, 조작, 표 시, 언어처리, 응용에 일관성 있게 관리하는 방향으로 추진하여야 한다. CALS 의 실현이란 컴퓨터의 하위층에서는 같은 부호값에 의한 공통 문서를 대상으로 하는 것이다. **그림 8.6**에 공통 데이터를 취급하는 체계의 예를 나타내었다.

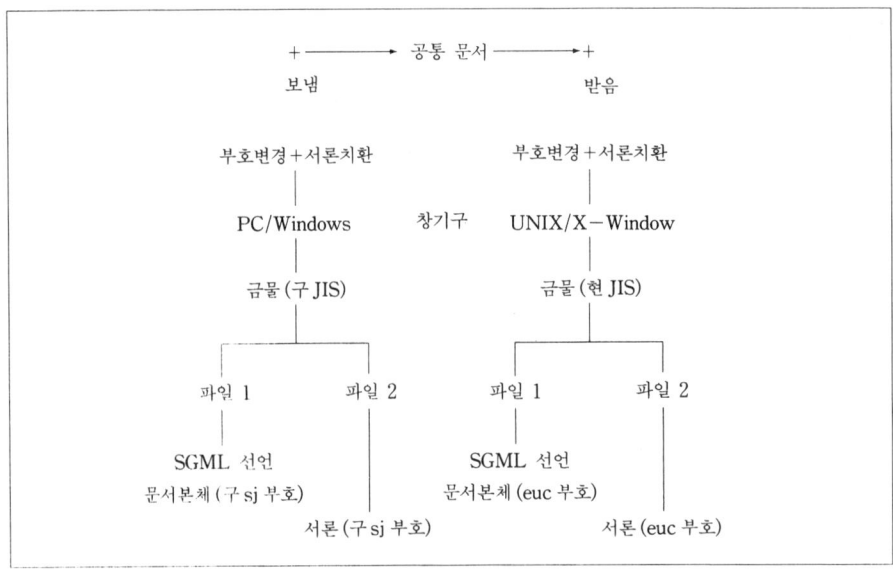

그림 8.5 공통 문서로 교환하는 경우의 SGML 문서 교환의 모형

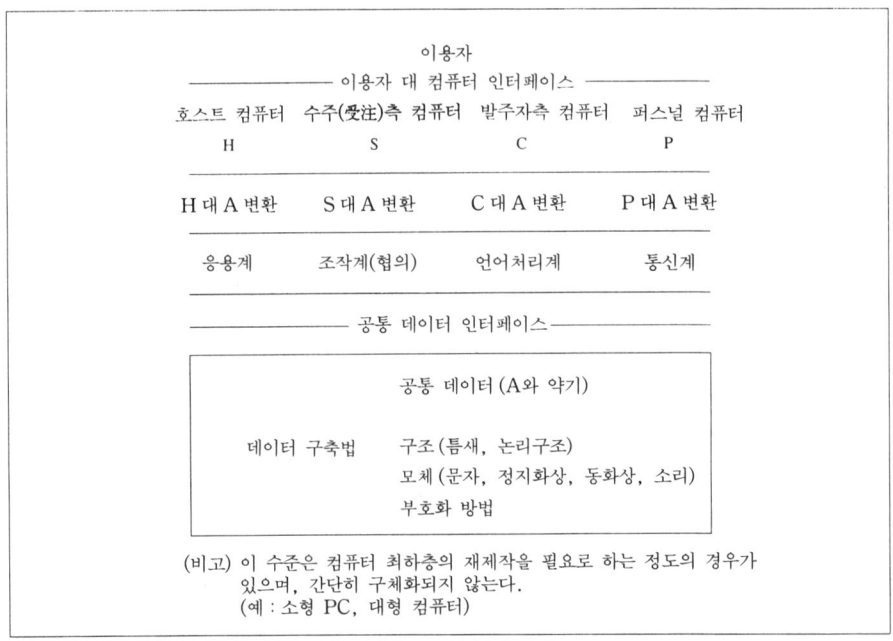

그림 8.6 공통 데이터를 취급하는 체계(최하층)의 예

⑤ 고속 제품 개발 시스템

21세기의 제조업에 요구되는 특성 중에서도 변종변량 생산시스템과 글로벌 생산이 특히 중요하다고 생각된다. 이것은 종래의 예측 대량생산 및 판매라는 어느

시점에서의 최대 효율을 전제로 한 정적인 생산방식인 것에 대하여 동적인 생산 방식을 요구하는 것이다.

20세기 후반의 컴퓨터 기술의 진보는 FA, FMS, CIM과 계층형의 생산시스템을 구축하였고, 그 위력을 발휘해 왔다. 그러나, 제품 변경 및 생산 거점의 변경에 시간과 비용이 많이 소요되어 반드시 21세기 생산 특성에 적합한 것이라고는 말할 수 없다.

컴퓨터 처리의 세계에서는 범용 대형계산기에 의한 계층형 처리에서 네트워크 통합에 의한 EWS(Engineering WorkStation)에 의한 분산형 네트워크 처리로 이미 주류가 변화되고 있다. 따라서 생산시스템의 영역에서도 분산적인 생산이 필요하다. 분산적 생산은 각각의 설비가 독자적인 지식을 보유하고 자율적으로 동작하는 자율 분산형 생산시스템 구축이 전제가 되며, 이것은 결과적으로 상기의 동적 특성을 실현하기 위한 하나의 요건이 된다.

한편, 제품개발·설계면에서 생각해 보면, 고성능(High Performance) CAD/CAM이나 고속 프로토타이핑(Rapid Prototyping)에 대표되는 것과 같이, 제품개발을 지원하는 개별적인 컴퓨터 지원기술은 이미 실용 레벨까지 꾸준히 발달하였지만, 생산시스템 전체 레벨에서의 대응은 극히 미진한 상황이다. 이러한 이유로 자율 분산형 생산시스템을 기본으로 하여 제품 특성에 의존하지 않고 포괄적으로 생산시스템을 표현 기술하며, 생산익 사전 검증을 실시하는 가상생산 한경의 확립이 또 하나의 요건으로 되고 있다.

IMS 프로그램에는 가상생산 환경에 관한 연구가 실시되고 있다. 즉, 가상생산 환경이란 「생산활동의 대상인 제품 및 생산자원을 모델화함과 동시에 생산활동인 설계 프로세스, 생산 준비 프로세스 및 공장 그 자체를 모델화함으로서 제품의 동작환경 및 제조환경을 철저하게 컴퓨터내에서 시뮬레이션하여 실제 생산에 앞서 제품기능 및 생산성을 사전에 평가할 수 있는 환경」을 말한다.

가상생산의 기본 개념을 **그림 8.7**에 나타내었다. 제품을 구현하기 위한 활동은 모든 생산 대상물과 프로세스를 모델화하여, 가상세계에서 실행된다. 가상세계에서 생산을 실시한 후에 실세계에서 구현을 실시한다. 그러나 항상 현실과 모델의 대비 및 모델 개량이 필요하다.

가상생산이 실현되면 이 환경은 언제 어디에서나 필요한 정보 및 지식의 제공이 가능하며, 제품설계에서 생산관리까지의 엔지니어링 활동을 조직화하기 위한 각종 방법을 적용할 수 있다.

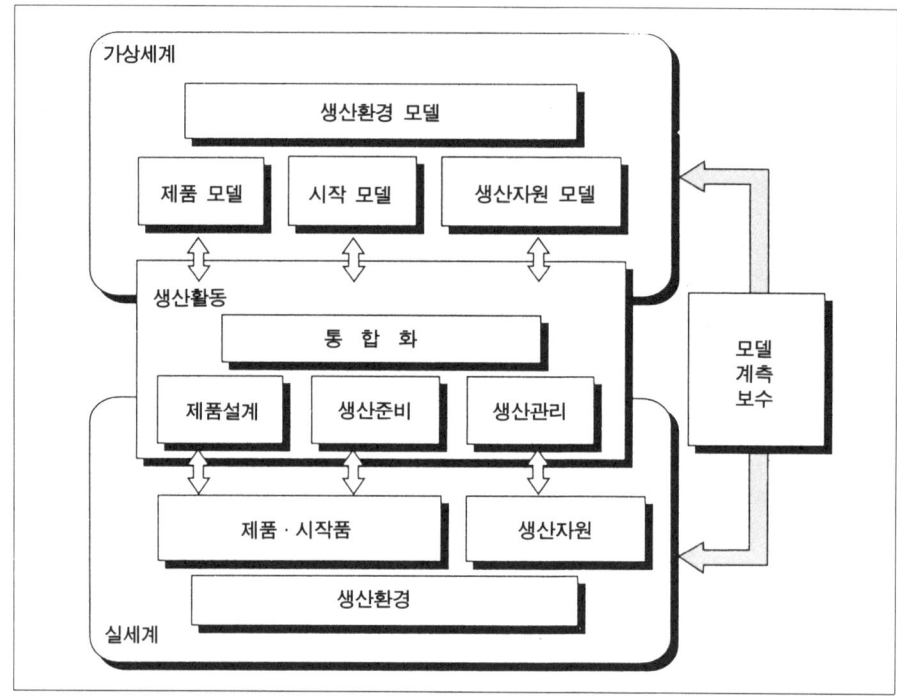

그림 8.7 가상생산의 기본 개념

IMS 프로그램은 1995년부터 본격적인 프로그램이 추진되었지만 가상생산 환경에 관해서는 제조법과 관련된 테마의 하나로서 「생산기술의 혁신에 관한 기술」이라는 테두리 안에서 중점적으로 추진될 것이다.

⑥ **고속 생산시스템**

일본의 고속 생산시스템에 해당되는 사례로는 IMS 프로그램의 호로닉(Holonic) 생산시스템의 연구가 있다. 이것은 일본 전자공업진흥협회의 FFS 조사위원회가 1984년부터 5년간에 걸친 조사·연구 결과로서 제언한 21세기 초기의 미래공장 FFS의 개념 중에서 변종변량 생산에 유연하게 대응하는 자율 분산형 생산시스템의 개념을 계승한 것이다.

연구의 대상은 지능화된 자율성과 협조성을 가진 물리 모듈(호론)과 그 분산제어를 실시하는 생산시스템(호로닉 생산시스템)의 구성 요소로서, 시스템화 수법, 체계화·표준화 수법의 개발과 시스템을 구축하기 위한 기술개발을 목적으로 하고 있다. 호론 군(모듈 군)은 각 호론 자신의 의사결정과 협조에 의하여 운용·제어·관리되는 협조 분산방식을 취하며, 집중관리로 인하여 발생되는 병목현상 (Bottleneck)이 배제되어, 높은 적응성과 확장성·신뢰성 실현이 가능하게 된다.

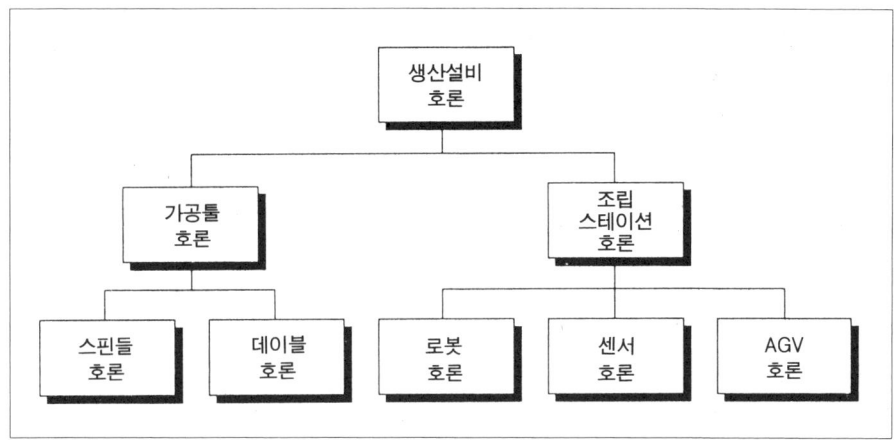

그림 8.8 생산설비 호론의 계층 구조

1993년 4월부터 1994년 3월까지의 연구에서는 생산설비 호론, 소재 호론, 제품 호론, 스케줄링 호론, 프로세스 플래닝 및 오퍼레이션 호론을 정의하여, 연구를 실시하고 있다. 각 호론에 문제 해결의 예제를 부여한 후, 각각의 기능 및 거동을 분석 · 평가한다.

또한, 생산 설비 호론을 조작 호론, 생산설비 타입 호론, 생산 설비 호론의 세 가지로 분류하고, 각각의 구현제약에 대한 프로토타입을 개발하고 있다.

「조작 호론」은 생산 실비가 보유한 기능적 능력을 추출한 것으로, 조작의 처리 속도 및 비용 등의 정보는 포함하지 않는다. 「생산 설비 타입 호론」은 기능과 성능에 관한 능력을 추출한 것으로, 공장에서의 설비상태 및 현재의 가동상태 등에 관한 정보와 기기구조를 포함하지 않는다.

「생산 설비 호론」은 물리적으로 존재하는 생산설비에 1 : 1 대응하는 것으로 조작 호론, 생산 설비 타입 호론이 보유한 정보와 기기구조에 설비의 설치 및 가동상태 등에 관한 정보 그밖의 그 기기구조를 추가한 것이다. 생산 설비 호론의 구성은 **그림 8.8**에 나타낸 바와 같다.

1995년부터 재편성되어 본격적으로 시작된 IMS 프로그램의 테마에서는 제조법에 관련된 테마로서 「생산시스템을 구성하는 가공 모듈의 유연성 및 자율성에 관한 기술과 생산시스템을 구성하는 각 요소와 기능 간의 협조에 관한 기술」이 계속적으로 연구되고 있다.

그러나 CALS가 주장하는 것과 같이 현재의 과제를 현재의 첨단기술로 해결하는 것도 필요하다.

⑦ **페이퍼리스에 관한 과제**

페이퍼리스(Paperless)란 말은 기업의 합리화가 직접 생산 부문에서 간접 부문(OA : 사무자동화, LA : 도서관 자동화 등)으로 이행하는 과정에서 생기는 과제로서, 최근 지구환경 문제와 관련되어 취급되고 있다.

페이퍼리스의 과제는 CALS의 관점에서는, 생산기술에만 한정되지 않고 기획·설계·운용·서비스·간접 부문 업무 등 라이프사이클적인 기업활동의 효율화 및 자원절약화에 관련된다(**표 8.5**).

표 8.5 CALS의 예상 효과

공 정	효 과
설 계	· 신규개발의 설계시간 50% 단축 · 시방변경의 처리시간 30~50% 단축 · 개념 설계 비용 15~40% 감소
조 달	· 데이터 전달 에러 98% 감소 · 검색시간 40% 단축 · 조달 전반에 소요되는 시간 30~70% 단축
제 조	· 일관화된 제품 데이터 관리상에 의해 품질 80% 개선 · 품질보증에 소요되는 시간 85% 단축 · 재고는 30~70% 감소
라이프 사이클 지원	· 문서관리에 소요되는 시간 30~50% 단축 · 훈련시간은 70~80% 단축

(출처) CALS/CE−ISO 리포트 (1989년)

그리고, 현재와 같이 경제활동의 영역이 확대되는 시점에서는 국제적인 협업체제의 틀 안에서 이 테마를 취급할 필요가 있다. 일본 기업의 현 상황에서는, 개별요소의 효율화 및 시스템화에 대해서 국제적으로 높게 평가되고 있다. 그러나, 제품 라이프사이클을 시간축, 국제 협업이나 해외 생산을 거리축이라고 했을 때 두 축이 통합화된 고도의 시스템 구축은 향후 큰 과제가 될 것이다.

최근의 페이퍼리스에 관련된 사례로서는 다음과 같은 것이 있다.

- INS 서비스와 LAN 기능의 고도화를 이용하여 네트워크 재정립에 의한 업무의 효율화(많은 기업이 실적을 올리고 있다)
- 미국 보잉(사)의 국제적으로 기업 틀을 초월한 협조생산 체제의 확립. 일본에서는 가와사끼 중공업 등이 관계하고 있다(그림 1.6 참조).
- 동경 가스의 기술정보 데이터베이스화 및 분산형의 공동 이용에 의한 효율화

(1995년 1월 30일, 일간공업신문).

● 컴퓨터와 OA 기기의 데이터 통신 규격의 표준화를 위한 국제적인 기업협력의 동향(1995년 2월 8일, 일본경제신문).

이와 같이 일본 기업의 현재 환경을 페이퍼리스라는 관점에서 보면, 여러가지 합리화에 관한 사례가 있지만, 다음과 같은 문제도 발생하고 있다.

(1) 법률로서 규제된 페이퍼의 존재

상법·법인세법에서는 원시기록 등을 각각 10년·7년간 보존할 의무가 있다. 그리고 중요도에 따라 일부 마이크로 필름 등의 이용을 인정하고 있지만, 법적인 조건을 현재의 기술에 적합하게 재검토 가능하다면(예를 들어 라이트원스의 광파일 이용 허가), 원시기록뿐만 아니라 중간 처리적인 페이퍼의 존재(실은 이 부분의 효율화가 크다)를 포함하여 대폭적인 자원절약화의 가능성을 도모할 수 있다.

또한, 계약과 관련된 인지세법의 문제도 페이퍼의 존재에 크게 관계된다. 그러나, 이를 위해서는 다른 관점에서 시스템적인 제도(데이터의 개정대책 등)의 검토도 필요하게 될 것이다.

(2) 기업활동에서 소모되는 페이퍼의 존재

CAD 기술의 발전 및 COM(Computer Output Microfilm)·광 파일링 시스템 등의 보급에 의하여 개개의 기업환경하에서의 합리화 추진이 페이퍼리스를 추구하고 있는 것과 같이 보여지고 있지만, 실제는 다음과 같은 문제로 인하여 일부에서는 역으로 문서의 홍수 현상이 발생하고 있다고 말할 수 있다.

● 활동과정 개개의 설비 환경이 호환성을 가지고 있지 않기 때문에 중간 종이가 없어지지 않는다.

● 도면·텍스트·외부 자료 등의 도큐먼트류의 통합적인 처리 기술의 미발달로, 페이퍼계 작업의 개재를 필요로 하는 부분도 많이 남아 있다.

● 기업 간 거래에서도 종이작업을 많이 필요로 하고 있다.

(3) 기업의 업무처리에서 소모되는 페이퍼의 존재

상기 (2)의 문제는 기업의 업무처리에서도 같다고 할 수 있다. 정보기기의 오픈성(접속 가능성)이 최근 급속하게 추진되고 있으며, 도큐먼트의 표현 표준화도 국제적으로 정비되고 있다. 통합적인 도큐먼트 관리 소프트웨어(CALS 표준을 포함한)도 시판되기 시작하고 있으며, 대기업을 중심으로 도입이 추진되고 있다.

⑧ **정보의 재산권과 운용관리(CITIS)의 규격화**

　　데이터의 권리는 연방조달규칙(FAR : Federal Acquisition Regulation)에 따라 제안·교섭하는 것으로 되어 있다. 일본에서는 기기의 조달에 자동차업계와 같이 계열기업·하청기업 간에 저스트 인 타임(JIT ; Just In Time) 시스템과 같은 정보 시스템이 많이 구현되고 있다. 또한, 기업 그룹간의 전자 메일 및 EDI도 발달하고 있지만, 국가적인 규모로, 그리고 제품 라이프사이클적인 범위에서 계약에 근거한 전자화된 통합 데이터베이스 서비스의 구현 사례가 현재까지는 없다. 그리고, 기업 정보 시스템은 각 기업의 독자적인 기술을 기본으로 하고 있기 때문에, 다른 시스템과의 접속성(정보 인프라의 공유화)이라는 면에서는 많은 과제를 남기고 있다. 그러나 기업 정보 시스템을 표준화라는 관점에서 살펴보면, 미국과 같이 행정의 리더쉽과 국가 레벨의 표준화 활동에 의하여 구체화될 것이다.

　　일본에서의 데이터베이스의 제도적인 문제점은 다음과 같다.

(1) 데이터베이스의 보호

　　데이터베이스의 보호에는 작성자의 권리에 관련된 보호와 데이터 보호의 문제가 있다. 1986년, 저작권법 개정에 의하여 데이터베이스를 저작물로서 보호하게 되었다. 그러나 오늘날의 정보·통신기술 발달에 따라 팩트 데이터(Fact Data)의 온라인 데이터베이스화 및 키워드의 자동 추출 등에 의하여 창작성의 판단 기준이 어렵게 되고 있다. 데이터 보호 중에서 개인 정보의 보호에 관해서는 1985년에 프라이버시 가이드 라인이 책정되었다.

(2) 데이터베이스의 안전성

　　구미에서는 정보시스템에 무단 접근 행위 그 자체가 형사상의 처벌이 대상이 되지만, 일본에서는 최근, 법개정에서도 업무상 손해가 없는 한 형사상의 처벌 대상이 되지 않는 차이가 있다. 향후, 일본에서도 표준암호의 책정, 형법의 개정도 포함한 제도면의 정비가 요구된다.

(3) 저작물의 개념에 대한 인식

　　음성, 화상, 텍스트 등을 포함한 멀티미디어 등, 데이터베이스의 출현은 편집 저작물의 개념을 새롭게 정립할 필요가 있다.

(4) 데이터베이스의 글로벌화와 과제

　　표준화는 정보의 국제적인 유통에서 가장 기본적인 것으로서 중시되고 있다. 1993년 12월 제네바에서 7년 여에 걸친 GATT 우루과이 라운드가 종료되었다. GATT의 지적재산권 문제에 대해서는 『저작권·상표·지리적 표시·의장

·특허·IC 칩·미공개 정보 등의 지적재산권에 관한 보호 및 권리 행사법』의 정비가 조약에 따라 의무화되었다.

일본에서도 1991년의 불공정 경쟁방지법의 개정에 따라 고객 리스트·신기술의 노하우·설계도 등 기업의 영업 비밀이 법적으로 보호받게 되었다. 그러나, 현재까지 일본에서는 법정 공개의 원칙이 영업 비밀의 공개로 연결되는 문제를 가지고 있다. 구미에서는 법정에서의 중요 비밀 보호가 확립되어 있고, 일본에도 검토가 진행되고 있다.

⑨ **정보 공유를 위한 한계 및 장해**

현재까지 국제적인 정보 공유화를 위한 기반 구축에는 ITU, ISO, 그 외의 국제적인 기구가 중심이 되어 표준화를 진행하여 왔다. 전자화된 정보를 가공·전달하기 위한 기술 기능으로서 여러가지 소프트웨어 제품이 유통되고 있지만, 국제적인 유통 관점에서도 최근에 다음과 같은 항목이 조금씩 정비되고 있다.

① 동양적인 특수 한자정보(2바이트 데이터) 등을 취급하기 위한 멀티 랭귀지 대응의 소프트웨어가 일반화되고 있다.

② 통신, 데이터베이스, 유저 인터페이스 등에 국제표준·업계표준을 사용하여 접속 가능성을 보유한 소프트웨어가 유통되기 시작했다.

③ 데이터의 표현 형식에서도 텍스트 형식은 물론, 디지털 도형·래스터 도형 등에 국제 표준·업계표준저인 중간 포맷 자성기능을 장비한 소프트웨어가 출현하였다.

이와 같은 기술환경은 중요한 것이지만, 그 상호이용·운용이라는 관점에서 보면 여러가지 문제점을 내포하고 있다.

현재 일본의 상황은 중앙 집중형의 데이터 관리하에서 정보처리가 실시되고 있다고 할 수 있다. 향후 정보처리가 국제규모의 분산처리형으로 지향됨에 따라 단지 기술적인 관점으로서는 결론 지을 수 없는 많은 문제가 존재한다.

(1) 정치·종교의 차이

국가의 존재와 종교는 깊은 관계를 가지고 있다. 동서의 냉전체제의 붕괴에 따라 경제 자유주의화 흐름이 고조되고 있지만, 정보 유통의 자유화에 대하여 국가 존립 자체의 불안을 가진 국가도 있다. 그리고, 종교상의 문제로 정보를 통제하는 국가도 있다. 자유 경제 선진국은 이와 같은 국제 사정을 충분히 배려하면서 대응해 갈 필요가 있다.

(2) 법률 체계의 차이

기술 및 소프트웨어의 특허권·저작권의 문제에 대해서는 국제간의 법체계의 정비 상황에 언밸런스가 존재한다. 이 문제는 기술 선진국으로서 큰 문제가 되지만, 국제적인 표준환경을 정비하여 지구 규모의 비즈니스 효율을 향상시키기 위해 선진국은 시간적으로도 비용적으로도 후발 참가국에 대하여 협력하여야 한다.

(3) 비즈니스 습관의 차이

한가지 예로서 미국의 계약사회적인 비즈니스와 일본의 상거래 습관과는 많은 차이가 있다. 일본의 판례주의가 과연 국제적으로 통용 가능한 것일까? 이러한 면에 대하여 일본측이 국제적인 규칙을 검토하고, 적극적으로 조화의 길을 모색할 필요가 있다.

(4) 정보 리터러시(Literacy)의 문제

국제적인 정보 공유를 위해서는 각국이 많은 약속에 대해 공통된 인식을 가져야 한다. 교육의 보급 및 정보화의 침투도 등, 국가간의 제도·교육에 대한 차이도 고려할 필요가 있다.

(5) 기 타

현재, 세계 각지에서 민족문제가 발생하고 있다. 각국 공통의 정보기반 위에서 비즈니스를 수행해 가기 위해서는 역사적 사실을 딛고 상호 입장과 현상을 이해하는 것이 중요하다.

⑩ **기술 이전**

30여년 전에는 일본이 구미의 선진기술을 도입하여, 생산기술의 고도화를 통하여 세계 시장을 석권하였다. 일본 제조업의 오늘까지의 경과와 문제점은 다음과 같다.

(1) 일본 제조업의 발전이 가져온 성과

① 높은 경쟁력 확보. 이것은 고품질이라는 기술적인 의미뿐만 아니라, 다양한 제품 제공, 신속한 제품 공급 등을 포함한 시장 적응성을 의미한다.

② 고도의 기술 축적. 폭 넓은 많은 산업 기반이 높은 수준으로 구축되었다.

③ 경제성장에 의해 소득 수준이 향상되었다.

(2) 제조업이 발생시킨 일본 성장에 따른 문제점

① 대량생산 패러다임으로 지지되어 온 지금까지의 사회 시스템이 크게 변화되기 시작하였다. 이것은 종신 고용제와 연공서열에 따른 임금제에 기초한 안정적인 기업기반에 큰 영향을 주고 있다.

② 일본의 소득 수준의 상승이 많은 산업 분야에서 생산 비용을 국제적으로 상승시키는 결과가 되었다. 생산 비용면에서 국제적인 우위성을 완전히 상실하였다.

③ 일본의 제조업이 국제 경쟁력에서 구미의 시장을 석권한 것이 다른 한편으로는 정치적인 마찰을 초래하는 결과가 되었다.

(3) 일본의 제조업이 향후에도 계속 발전하기 위한 기본적인 대책

① 각 산업기술의 고도화

② 시장 요구 밀착형의 제품 개발

③ 글로벌한 생산 체제에 대한 투자와 기술 이전

(4) 국제적인 공헌 측면에서의 문제점 검토

① 세계적인 기술 진보에 대한 공헌

② 세계 경제 순환에 대한 공헌(개발도상국에 대한 투자·기술 이전을 포함)

③ 지구 환경 보전에 대한 공헌

이와 같은 상황을 기술 이전 면에서 보면, 한 기업의 생산 비용 저하를 위하여 개발도상국으로 생산설비의 이전·자본의 투자라는 레벨을 초월하여 다음 항목을 기본으로 하여 세계 경제 순환에의 공헌이라는 기본적인 발상 전환이 요구된다.

① 자본 투자는 현지의 시장 동향과 산업화 동향이 일치하여야 한다.

② 기술 이전은 생산 현장 기술 중심으로 실시한다.

현재의 일본 기업에서도 개별적으로 보면 해외 진출의 성공사례는 많다. 그러나 전체적으로 보면, 기업 간의 경쟁과 지리적인 편재 경향이 나타난다. 장기적으로 전 세계를 향한 큰 전략적 지향에 대해 민간이 협력하여 검토할 시기가 되었다고 말할 수 있다.

⑪ **정보기반**

정보기반의 문제는 일본의 상황을 기술하기 이전에 국제적인 조류를 정리할 필요가 있다. CALS는 지구 규모의 생산성 향상을 목표로 하여 추진하므로, 그 정보기반도 지구 규모로 구축할 필요가 있다. 국제적인 동향은 다음의 두가지로 정리할 수 있다.

(1) 미국의 하이테크 업계를 중심으로 한 국가 경쟁력의 강화책인 『전미 정보 통신 인프라(NII) 구상』의 구체화와 이 움직임에 대응한 유럽 각국의 동향.

NII 구상은 전 미국을 고속의 광 파이버 디지털 통신 네트워크로 연결하여, 행정부 주도로 연구개발, 교육기관의 정보화를 추진하여, 경제의 활성화를 도

모하는 것이다. 또한, 미국은 이 분야에서 국제적인 주도권을 확보하기 위하여 NII의 연장선상에서 지구 규모의 정보기반인 『글로벌 정보기반(GII) 구상』을 제창하였다.

(2) DoD(미국방성)의 실험에서 시작된 인터넷은 현재 세계로 급속하게 확산되었으며, 현재 세계적으로 3,000만 명의 이용자가 있다. 네트워크 상, 정보의 신뢰성 및 금융결재의 문제 등과 같은 과제가 남아 있지만, 실질상 세계적 규모의 정보 인프라가 되고 있다. CALS의 전개와 공동 추진이 예상되는 미국의 CommerceNet 프로젝트(실리콘밸리를 중심으로 하여 산·학·연이 일체가 된 지역 및 산업 활성화 프로젝트)는 다음 항목을 추진할 것이다.

① 인터넷을 기본으로 한 WWW 서버와 Mosaic 클라이언트를 조합한 형태의 운영

② 트랜잭션의 보안관리, 요금 계산 서비스, 전자 카달로그, 인터넷 EDI, 설계에서 생산까지의 기술 데이터의 이용법

③ 중소기업의 참가와 EC(Electronic Commerce : 전자상거래)의 실현

일본의 추진 현황은 다음과 같다.

(1) 행정에 의한 기간 회선 정비

1993년 일본 정부가 『신사회 자본계획(新社會資本計劃)』이라는 종합경제 대책에서 정보통신 기반의 정비를 중요 테마로 하여, 다음과 같은 프로젝트가 추진되고 있다.

① 대학, 병원, 연구소 등의 정보통신망 정비(학술정보 센터, 동경여자의대, 게이오대학 등)

② 정부 부처 간 네트워크 정비 프로젝트(과학기술청을 중심으로 통산성, 우정성, 문부성 4성청 간에 연구 네트워크의 고속화를 위한 회선정비)

③ 학술 네트워크의 자율, 분산형 고속 네트워크의 정비(학술정보 센터를 중심으로 한 SINET), 등등

(2) NTT의 동향

1994년 NTT는 『멀티미디어 시대에 대응한 NTT의 기본 구상』을 발표하여, 정보통신 산업의 변혁과 NTT의 금후 사업운영의 방향성을 나타내었다. 구체적으로는 다음의 두 사업이 실시되고 있다.

① 고속, 광대역 백본 네트워크의 이용 실험(**그림 8.9**)

② 일반 주택용 멀티미디어 서비스의 이용 실험

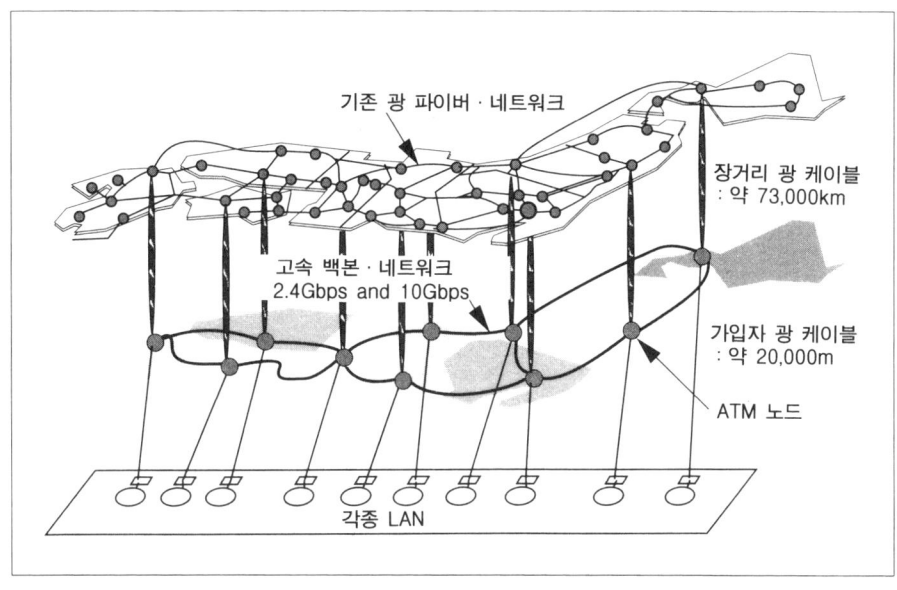

(출처) 「멀티미디어에 대한 기본 구상」 NTT

그림 8.9 고속·광대역 백본 네트워크(이미지도)

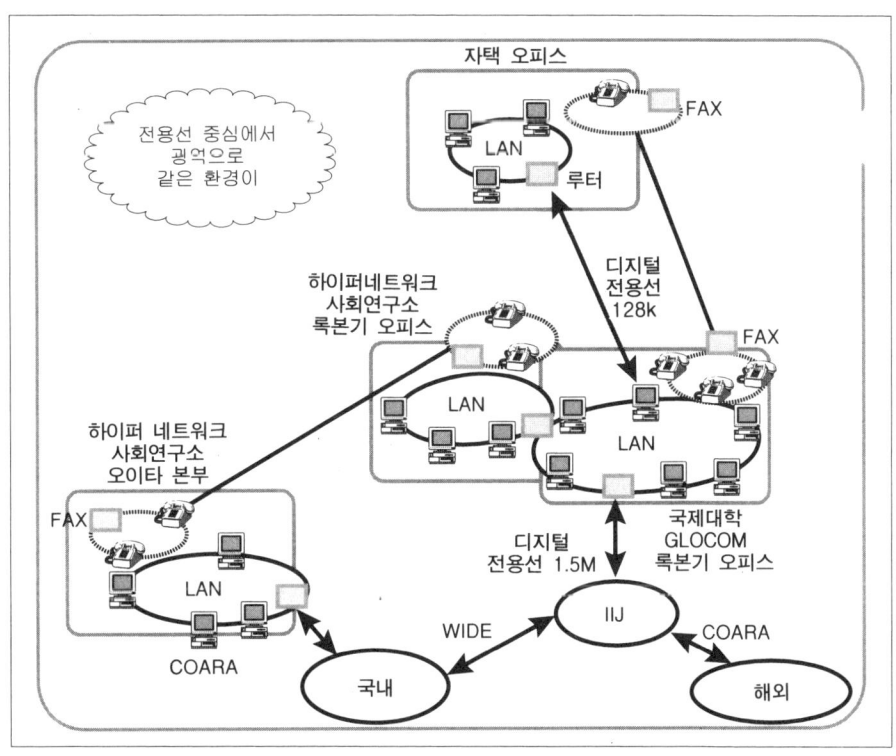

그림 8.10 오이타시의 하이퍼 네트워크 사회연구소의 활동

(3) 인터넷

일본의 인터넷 보급은 미국과 비교하면, 현재까지는 일부의 사람들(학술연구용이 중심)만이 이용하였으나, 현재는 일반 사용자를 위한 상용 기능이 제공되기 시작했다. 인터넷으로의 접속 실험으로서는 오이타(大分)시의 하이퍼 네트워크 사회연구소 활동이 주목받고 있다(**그림 8.10**).

(4) EDI의 구체화

미국에는 정부조달에 관한 EDI의 규격이 이미 제정되었다. 일본에서는 기업그룹 레벨의 EDI가 높은 수준으로 실현된 사례가 있지만, 공통 산업 기반으로 활용하고자 하면, 향후 국가적 차원에서 레벨을 조정할 필요가 있다.

▌▌ 21세기로 향한 일본판 CALS 운동의 과제

(1) 일본식 Kaizen의 한계

일본의 2차 대전 이후의 산업부흥기에는 공업제품의 품질은 그렇게 만족할 만한 수준은 아니었다. 따라서, 에드워드 데밍(Edward Demming)과 같은 품질관리 전문가를 외국에서 초청하여, 품질관리의 개선에 착수하였다. 그 기본이 되는 사고방식은 통계적 품질관리로서, 「통계적인 프로세스 관리로 프로세스를 안정시키며, 변동요인을 가능한 한 제어함으로서, 프로세스에 대하여 견실하고 점진적인 개선을 해 가는 것」이다.

그리고, 이 시대에는 생산성 자체도 낮았으므로, 이러한 개선을 위하여 테일러의 기본 개념에서 시작된 IE(Industrial Engineering)의 개념이 널리 보급되었다.

IE에서는 작업활동을 작은 공정으로 분할한 후, 작업시간을 초단위로 측정하여, 가능한 한 효율적인 방법으로 작업공정을 재통합함으로서 작업 효율의 향상을 도모하는 것이다.

따라서, 일본식 Kaizen의 기초를 이룬 두 가지 수법 「통계적 품질관리」와 「IE」가 수용되어, 보텀업(Bottom-up)적인 직업적 소집단 활동을 통하여 품질 향상과 생산 효율 향상을 달성하였다.

일본식 Kaizen은 「공급부족」을 배경으로 하여 「규격화된 제품의 대량생산」에 대응하여, 「보다 짧은 시간에, 보다 많은 제품 생산」이 기업의 기본 명제였던 시대에는 매우 유효한 방법이었다. 그러나, 오늘날은 이미 「공급부족」은 해소되었고, 사회의 욕구는 개성화 시대로 변하되고 있다. 개성화 시대에서는 「시장 욕구에 적합한 상품을 단기간에 개발하고, 판매 동향에 맞추어 적정량을 생산함으로서 재고 및 반제품의 낭비를 배제하며, 상품 개발에서부터 자재조달, 제품판매까지를 포함한 총 코스트를 저하시키는 것」이 요구되었다.

따라서, 기업의 기본명제도 「보다 짧은 시간에, 보다 많은 제품을 생산하는 것」에서 「필요한 물건을 필요할 때, 필요한 양만큼 생산한다」라는 것으로 변화되었다.

이러한 새로운 명제에 대응하는 것은 종래의 보텀업적인 일본식 Kaizen으로는 한계가 있으며, **표 8.6**과 같은 특징을 가진 톱다운(Top-down)적인 BPR(Business Process Re-engineerig)을 기본으로 하는 방법이 요구되었다.

표 8.6 Kaizen과 BPR

		Kaizen	BPR
대 상		**직 장**	**업무 프로세스**
목 표		코스트 시간(현장에서의 작업시간) 품질	코스트 시간(업무 프로세스의 소요시간) 고객 만족도
어프로치		Bottom—up	Top—down
추진방향		현장 작업자가 일상적인 작업의 일환으로서 실시한다.	전문 스텝이 업무로서 설계
특 징		개별 부품에 착안 인간중시 전원참가	전체적 구상 정보기술 중시 전문가의 설계
	장 점	품질 향상과 코스트 절감이 양립 정착·실행이 비교적 용이	고객 만족도와 코스트 절감이 양립 혁신적인 아이디어가 나오기 쉽다.
	단 점	각각의 직장 개선에 한정되며, 새로운 아이디어가 나오기 어렵다.	정착·실행에 위험이 따른다.

이러한 방법에는 정보기술을 활용하여 상품개발에서 상품판매에 이르기까지의 기업 내 활동을 고객과 공급자를 포함하여 통합하는 것이 중요하다.

(2) 유통의 문제

유통 또는 물류는 일본 경제 시스템에서 가장 취약한 부문이다. 1990년대의 통계치로서 미·일의 소매업의 매출액은 100조엔 규모로 거의 같은 액수이다. 그러나, 인구는 미국이 일본의 2배이지만, 점포 수는 반대로 일본이 미국의 2배(200만)이다. 즉, 미국과 비교하여 일본은 매출액과 점포수가 2배가 되는 비합리적인 구조로 되어 있는 것이다. 따라서, 일본의 유통구조는 미국과 30, 40년의 차이가 있다고 한다.

이러한 일본내 유통구조의 비효율성은 엔고에 의한 환율 차익을 유통 부문에서 흡수하게 되었고, 소비자에게 충분하게 환원되지 않아 세계 제일의 고물가(高物價) 국가가 되었다. 제조업에서도 계열기업 전문의 판매점 등 메이커 주도로 소매가격이 결정되는 제도로 국내시장을 보호하면서, 대외 수출 공세를 실시하여 왔다. 엔고 차익은 결국 오랜 유통제도의 존속에 기여하는 결과가 되고 말았다. 일본 유통구조의 개혁은 무역 전쟁에서 이기기 위한 중대 과제가 되고 있다.

한편, 향후의 유통 시스템을 예측하기 위해서는 미국의 동향이 참고가 된다. 미국 시장은 메이커 주도형·지배형 시장에서 이미 70년대부터 유통 주도형 시장으로 이행하였으며, 90년대는 완전히 소비자 주도형 시장으로 이행하였다. 일용 잡화계 할인점으로 출발한 월마트 스토어즈(Will Mart Stores)사는 연율 20~30%의 매출 성장을 지속적으로 유지하면서도, 경비율(經費率)은 15~18%로 유지하고 있다(일본의 백화점 및 대형 슈퍼마켓의 경비율은 약 30%). 효율적인 물류 센터의 설치, 위성통신 시스템에 의한 리얼타임적인 물류 파악, POS, EDI 등의 정보화 추진, 글로벌 아웃소싱(Global out Sourcing) 등을 축으로 하여 현재는 세계 제일의 유통업체가 되었다.

그리고, 미국에서는 창고형 점포 등, 약간의 수수료로 특정 회원용에게만 상품을 판매하는 홀 세일 클럽(Hall Sales Club) 및 유통 코스트를 생략하고 고객에서 직접 전화로 사양 주문을 받아 조립 판매하는 바이패스 마케팅(By-pass Marketing)이 발달되고 있으며, 향후에는 쌍방향 전자 쇼핑이 보급될 것이다.

(3) 종이에 의한 작업과 도큐먼트 관리

현재의 컴퓨터 시스템의 저가격화는 CAD/CAM/CAE 시스템을 보편화시켰으며, 이로 인하여 작성되는 도면의 수도 막대하게 증가되었다. 또한, 다품종화 및 제품 라이프사이클의 단기화에 의해 도면을 포함하는 기술정보가 급속하게 증가되었다. 축적된 대량의 도면 정보가 종이형태로 관리되는 경우에는, 전자 데이터가 보유한 고도의 재이용성은 물론이고, 검색 및 참조라는 기본적인 즉응성의 장점도 이용할 수 없게 되어 전자적인 특징을 살린 효율적 관리가 어렵다. 따라서, 도면 정보의 보다 높은 효율을 위해 도큐먼트 관리 시스템이 필요하게 되었다.

도큐먼트 관리 시스템이 가지고 있는 현재의 문제점은 먼저, 부문마다 서로 다른 다수의 시스템에 의하여 여러 형태의 데이터가 작성되고 있다는 것이다. 종래의 도큐먼트 관리 시스템은 취급하는 데이터의 범위와 지원하는 기능에 따라 여러 종류가 시판되었다. 서로 다른 시스템 환경 및 복수의 시스템으로 작성된 데이터는 상호결합과 통합관리가 어렵고, 각 부분이 고도로 시스템화되어 있어도 기업 전체의 흐름이 부문 간에 단절되는 「정보의 고립화(Island of Information)」가 되고 있다.

그리고, 또 다른 문제점은 제품의 설계변경에 의하여 도면의 개정이 필요하게 될 때에, 관련된 모든 도면에 변경 사항을 반영시켜, 제품과 도면 간, 관련된 도면 간의 정합성을 보증하기 위해서는 많은 작업시간이 소요되어 비효율적이다. 이러한 문제점을 해결하기 위한 방법으로서 CALS의 중요 요소기술인 PDM(Product Data Management : 제품 데이터 관리) 시스템이 주목받고 있다.

PDM이 주목받고 있는 배경에는 컴퓨터 기술의 진보 및 생산·개발 거점의 분산화, 다양한 애플리케이션의 존재 등이 있다. PDM 시스템은 CAD 데이터, 래스터 데이터, 문서 데이터, NC 데이터, 그 외의 설계·생산정보를 모두 「제품 데이터」로 취급하며, 개념설계에서 제조, 운용·보수 지원까지의 제품의 라이프사이클 전체에 걸쳐, 정보의 일원적인 공유를 도모하고 있다. 또한, 업무 프로세스를 PDM으로 정의함으로서 제도(製圖), 검도(檢圖), 승인(承認)이라는 업무 절차와 이에 필요한 데이터의 흐름을 반자동화한 「워크 프로우 관리(Work flow Management)」의 실시로 설계 업무를 효율화한다. PDM 시스템은 **그림 8.11**과 같이 통합 데이터와 애플리케이션의 개별 데이터로 구성된다. 통합 데이터에 의하여 개별 데이터를 상호 관련시켜 제품구성 및 도면의 관련성을 표현한다.

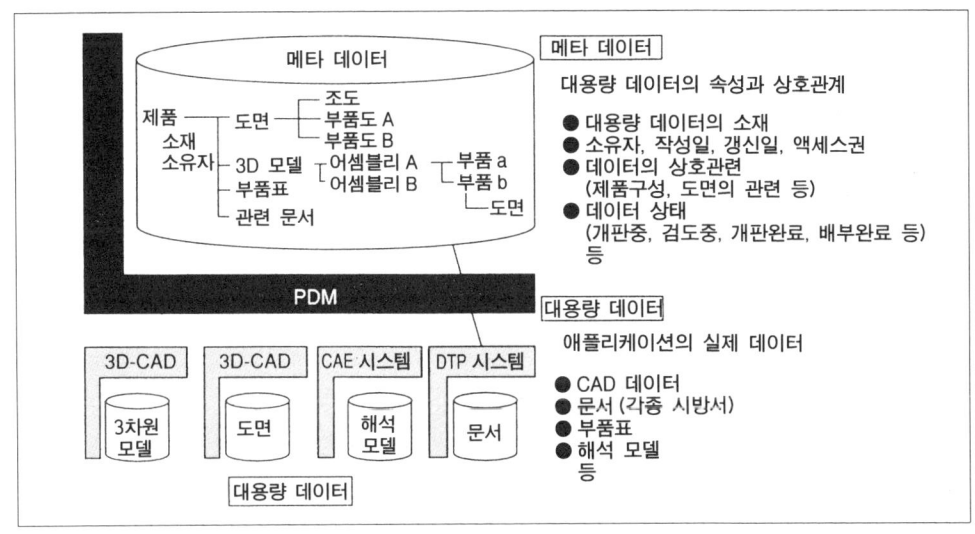

(출처) 「설계정보 관리 시스템」, 후지쯔, 1994년 9월
그림 8.11 PDM 시스템의 구성

PDM은 통합 데이터를 집중 관리하며, 통합 데이터와 개별 데이터를 관련시킴으로써 통합 데이터에 한하여 여러 데이터를 통합화한 시스템이라고 할 수 있다. 이러한 구조에 의하여 제품과 도면 간, 관련된 도면 간의 정합성을 보증하며, 설계변경 등의 관리를 효율화한다.

한편 ISO 9000 시리즈의 취득에는 품질보증 관리에서도 문서관리가 중요하게 되어 있으므로, 향후의 PDM의 방향은 CALS라고 할 수 있다.

(4) 시장 동향의 가시성 문제

시장 동향은 급격하게 변화하고 있다. 20세기의 세계 경제는 대량생산 체제였고, 이것을 가능하게 한 것은 대량소비 체제였다. 그리고, 이러한 대량소비를 가능하게 한 것이 케인즈형 유효 수요정책과 노동조합에 의한 지속적인 임금상승 시스템이라고 할 수 있다. 특히 주목해야 할 점은 대량생산 체제의 발달이 분업화를 추진하게 되었으며, 그 결과 인간소외 현상을 초래하여 노동자의 인간성 회복문제가 사회문제화되는 상황이 되었다. 따라서, 대량생산 체제에서 대량소비 체제를 창출해 온 대기업 체제의 한계가 명확해졌고, 인간성 회복이라는 관점에서 경제 시스템을 재평가하고자 하는 경향이 높아지고 있다. 시장은 이러한 성숙에 의하여 세분화 현상을 초래했으며, 틈새(Niche)산업이 출현되게 되었다. 그러나, 틈새산업은 시장기구가 완전하게 최적 배분의 기능을 발휘하는 자유경제 체제가 아니면 존재하기 어렵다. 향후 국가 레벨의 경제개혁은 이러한 관점을 중시하면서 대응해야 한다. 이러한 시장의 패러다임 시프트라는 국면에 대하여 기업은 종래의 각종 제도·관습·가치관·이해를 초월하여 객관적으로 재평가하는 것이 필요하다.

21세기로 향한 기업활동의 키워드는 다음과 같이 정리된다. CALS의 컨셉인 『지구 규모의 정보 공유화 인프라 구축』도 같은 방향이라고 할 수 있다.

① 시장경쟁의 사고방식(경쟁과 협조의 밸런스)

「경쟁」은 시장경제의 근간이며, 산업활력의 원동력이다. 그러나, 과열 경쟁은 여러가지 부작용을 초래하게 된다. 경쟁에 대한 대응자세의 재검토가 필요한 것이 현재의 상황이라고도 말할 수 있다. 그러나, 경쟁에 대한 대응 자세를 재고(再考)하는 것은 어떠한 의미에서 경쟁 제한적으로 되어 버리는 위험성을 내포하고 있지만, 경쟁과 협조의 밸런스를 어떻게 취할 것인가가 향후의 과제이다. 예를 들면, 연구개발 협조와 시장 경쟁이라는 의미에서 일본에게 요구되는 것은 연구개발의 협조 측면에서 리더쉽을 발휘해야 한다는 점이다. 표준규격 통일 및 기초연구의 협력 체제 등과 같은 국제협력에서 적극적인 대응이 중요한 테마이다. 현재 일본이 리더쉽을 가지고 추진하고 있는 국제적 프로젝트인 IMS(Intelligent Manufacturing System) 등이 전형적인 예이다.

② **창조적 기술**

일본 산업이 오늘날까지 자랑하는 『프로세스 이노베이션(Process Inovation)』 분야로부터 향후 과제인 『프로덕트 이노베이션(Product Inovation)』 분야에 필요한 신기술 및 신제품 개발이 중요시 되고 있다. 일본의 동질화 사회는 창조성 및 이질성을 수용하는 것에 익숙한 구미 선진국의 사회 시스템과는 큰 차이가 있다. 이러한 차이를 줄이기 위하여 일본 기업의 기술자 및 노동자가 창조성을 발휘할 수 있는 조직적 경영 체제를 재검토하여야 하는 시기에 왔다고 말할 수 있다. 또한, 인간의 창조성이 발휘되는 소프트웨어 분야에서 기술의 충실을 도모하는 것이 급선무이다.

③ **기업활동의 보편화**

단기간 사이에 세계에서도 이질적이라고 평가되면서도 급속하게 발전되어 온 일본이라는 국가와 기업에서는 다음 사항을 금후 정확하게 정리할 필요가 있다. 그리고, 이 부문은 일본이라는 국가와 기업에서는 별로 내세울 것이 없는 테마이기도 하다.

자기의 과거 경험을 정리하여, 자기자신을 글로벌적인 조직과 보편직인 조직안에서 위치를 확보해야 한다. 또한, 이것을 상대방에게 이해시키기 위하여 투명성 있는 정보 공유화를 추진하는 자세가 요구된다.

(5) 일본식 생산시스템의 부정적인 측면

2차 대전 이후, 특히 70년대에서 80년대에 걸친 오일 쇼크 등과 같은 격변하는 경제환경을 극복하면서, 더욱 강화 발전되어 온 일본식 생산 시스템도 현재는 각종 일본 사회의 제도적인 제한으로 인하여 한계에 도달하였다고 말할 수 있다. 자동차 산업으로 대표되는 일본식 생산시스템은 고품질, 저코스트로 소비자 요구에 맞는 제품을 다품종 변량생산으로 적시에 시장 투입이 기능한 생산시스템 즉, 린 생산시스템(Lean Production System)으로서 평가된 시기도 있었다. 그러나, 이러한 생산시스템은 일본내의 격렬한 과당경쟁(過當競爭) 속에서 배양되어 온 계열 기업 단위의 경쟁력 지향 생산시스템이며, 이러한 생산시스템은 현 시점에서는 다음과 같은 몇 가지의 부정적인 측면이 지적된다.

첫번째로 지구 환경에 대한 배려가 결여된 점이다. 지구자원의 낭비, 환경오염, 폐기물 리사이클 등의 문제는 70년대부터 전세계가 대처하고 있는 과제이다. 일본의 생산시스템은 일본내의 공해 대책의 일환으로서 제조단계에서의 탈황화(脫硫化) 등, 환경오염 방지법의 개발·발전에 기여해 온 점은 확실히 긍정적인 측면으로 인정된다. 그러나, 제품의 모델 체인지 기간이 짧고, 사소한 기능의 추가, 폐기회수에 대한 이해 부족, 기업 간의 설비 및 연구 개발에 대한 중복 투자 등, 지구의 자연계에 미치는 악영향은 구미와 비교하면 매우 크다. 현재, 환경보전의 국제규격으로서 ISO 14000의 제정작업이 종결되었지만, 여기에서도 일본이 주도적인 공헌을 소홀히 하면 품질관리의 ISO 9000과 같이 향후에는 일본기업 및 일본의 생산시스템은 수동적인 대응을 요구 받게 될 것이다.

두번째로 부가가치 생산성 및 유통구조의 문제점이다. 확실히 일본은 공장현장에서의 종업원 한 명당 물적 생산성은 우수하지만, 기업의 부가가치 생산성, 즉 제품의 자체 제작률 및 이윤 폭이 낮다는 것이 일본 생산시스템의 한 특징이 되고 있다. 유통/로지스틱스 구조의 후진성도 전술한 바와 같다. 비록 이러한 단점에 대응 가능한 체제로서 폐쇄적인 계열조직 및 우수한 중소기업 군이 존재하고 있다고 하여도, 해외 생산 이전 및 시장개방에서는 이러한 고생산성 의미는 없어지는 것이다.

마지막으로, 일본식 생산시스템을 지지해 온 교육 및 고용환경의 변화가 있다. 즉, 집단주의 세대의 중고령화, 청년층의 감소 추세는 종신 고용제의 붕괴, 종업원의 기업 충성의식 및 근면성의 저하를 초래했고, 거품경제기 이후에는 이공계를 지원하는 학생이 점점 감소하고 있다. 원래 창조성보다도 수험전쟁을 위한 획일적인 교육에 의하여 조직에 충성하며, 기능 및 개선만을 지향하는 기술자를 대학에서 스크리닝한 후, 기업이 OJT(On the Job Training)로 양성하는 체제였지만, 향후의 기업 생산현장은 CIM화·정보화의 진전과 함께 이공계 기술자가 만족할 수 있는 생산기술 및 노동환경을 지향하여 추진될 것이다.

(6) 연구 개발 투자의 확대와 협동개발 추진

일본에서의 연구·개발분야 활동을 기술관리라는 관점에서 보면, 구미와는 다른 특징이 있다. 한마디로 말하면, 일본의 연구·개발은 기술 도입형으로 독창적인 아이디어에 의한 독자적인 신기술을 육성하는 구조가 사회시스템으로서 빈약하다고 할 수 있다. 이 부문에 대하여 많은 노력을 기울인 결과, 최근에는 기술수준 및 제품의 품질면에서 세계 톱 레벨에 도달한 분야도 많이 나타나고 있다. 이로 인하여 일부에서는 일본의 캐치업(Catch-up)은 완료되었다고 주장하지만, 기술의 하드웨어적인 진보와 비교하여 소프트웨어적인 면의 미발달 및 경영 의식 개혁이라는 관점에서 보면 아직 캐치업이 완료되었다고 말할 수 없다.

① 캐치업 과정의 문제

제2차 세계대전 후, 일본의 연구·개발 활동은 자발적인 발견·발명을 중심으로 한 발견 선도형이 아니라 기술도입 선도형, 즉 보다 빨리 시장의 동향에 맞는 제품의 실용화를 목적으로 한 시장 선도형을 추구하였다고 말할 수 있다. 이것은 일본형 실용화 스타일로 불리어져 왔다. 이러한 상태는 일본의 총연구 개발 지출액의 80%를 시장 동향에 직결된 기업이 부담하였고, 선행 연구개발에 대해서는 대학 및 국립연구기관을 중심으로 나머지 20%를 부담하는 형태로 형성되어 왔다.

1976년 전미 과학재단(NSF)은 『획기적인 기술 개발에 대한 미국의 공헌이 65%인 것에 비하여 일본의 공헌은 겨우 2% 정도로, 일본 기술의 혁신성이 매우 낮다』고 지적하였다. 이 조사결과를 계기로 일본에서도 발견 선도형과 시장 선도형에 대한 검토가 활발하게 실시되었으며, 이러한 검토중에서 다음에 기술하는 바와 같이 양자의 매니지먼트 스타일을 조화시키는 것도 중요하다고 재인식되었다.

● 일본 정부가 추진하는 국제 개방형 프로젝트의 하나인 『창조과학 연구추진사업』의 활농을 NSF는 다음과 같이 소개하고 있다. 『1981년에 시작된 창조과학 연구추진 사업은 하이테크 기술의 창조를 추진하며, 장래를 위한 학제적 과학 연구를 고도화할 뿐만 아니라, 기초연구를 위하여 보다 나은 시스템을 모색할 것이 기대된다.』

● 1987년에 개최된 『영·일 하이테크 포럼』에서는 시장 선도형 연구개발 스타일이 기업의 국제경쟁력 강화에 무시할 수 없는 것으로 논의되었다.

② 발견 선도형 매니지먼트의 추진

일본의 연구개발 매니지먼트는 경험과 노하우가 부족한 발견 선도형 매니지먼트 추진을 위하여 대학과 국립연구소를 중심으로 시작되고 있는 상황이다. 또한, 민간기업에서도 금후 시장 선도형의 강점을 유지하면서 발견 선도형을 강화시키는 매니지먼트 이론과 시스템의 고도화를 추구하여, 이들의 균형있는 경영을 확립하는 것이 금후 일본의 국제경쟁력 강화를 위한 최대 경영과제라고 할 수 있다.

여기에는 일본기업과 구미기업이 상호 강점 및 약점을 보유하고 있으므로, 상호의 지도 원리 및 매니지먼트 스타일을 서로 이해하며, 각자가 국제교류·협력에 대하여 노력해 가는 것이 효율적이다.

③ 성공을 위한 조건

제1은 관계자 간의 전략적 제휴 개념이 공유되어야 하는 것이다. 즉, 복수기업이 상호 간에 독자성을 유지하면서, 상호 협력하여 상호 우위성을 향상시키며, 독자적으로는 실현할 수 없는 높은 메리트를 획득할 수 있도록 하는 것이다.

제2는 전략적 제휴 관계에 있는 파트너 간에는 가상기업 체제이지만, 현실의 회사경영에 가까운 매니지먼트를 실시하는 것이다.

제3은 여유있는 결합관계를 유지함으로써 서로를 너무 구속하지 않는 것이다.

오늘날 컴퓨터 및 통신 세계에서는 연구개발 투자가 대규모화되어 위험부담이 높아지고 있으며, 전 세계 기업 간에 목적에 따라 그물망과 같은 자본제휴·기술제휴가 활발하게 실시되고 있다. 이와 같은 관점에서 재고할 필요가 있다.

(7) 일본내 생산에서 해외 생산으로

일본 제조업의 국제화 과정은 역사적으로 먼저 수출이 크게 성장하였고, 1980년대부터 직접투자가 신장되었다. 그러나, 수출·직접투자 모두가 미국 및 독일과 비교해서 다음과 같은 특징이 있다.

① 그 규모가 의외로 작다는 것이다. 수출이 GNP에 차지하는 비율은 독일보다도 매우 적고, 1990년대 초반에 이르러서도 같은 현상이다. 이것은 수출이 한정된 분야에서만 현저하므로 향후, 해외 전개가 증가할 가능성이 있다는 것이다.

② 산업 분야가 기계산업에 집중화되어 있다. 소수의 기업이 소수의 지역(특히 미국과 아시아)에 집중적으로 진출하고 있다.

③ 매우 빠른 속도로 증가하고 있다. 매우 단기간에 수출과 직접투자가 성장하였다. 이것은 1970년대의 석유파동 후, 엔고에 의하여 급격하게 해외진출이 증가하였다는 것을 알 수 있다.

④ 상기의 현상이 급격하게 대두되고 있으며, 상대국에서 경제 마찰뿐만 아니라 정치적인 마찰까지 일으키고 있다. 통산성의 1989년 『해외사업 활동 기본조사』에 의하면 일본기업의 해외제품 현지법인(판매활동은 제외)은 약 2,500사, 매출액은 약 22조엔으로 일본의 총수출액의 약 50%가 된다. 그리고, 일본기업의 해외진출 동기는 구미의 경우 『현지 시장의 유지·확대』에 있고, 아시아의 경우 『현지 시장의 유지·확대』와 『현지 노동력의 이용』에 있다.

또한, 현지법인의 판매활동도 미국과는 큰 차이가 있다. 일본기업의 해외 직접투자는 현지시장을 추구하는 것이다. 최적 입지에서 생산하여, 그 곳을 중심으로 세계시장에 공급하며, 또는 자국 시장으로 역수입한다는 보다 글로벌적인 관점에서의 기업 활동은 미국기업이 훨씬 앞서 있다고 말할 수 있다.

그러나, 1980년대 후반 이후, 특히 일본의 전기기계 산업의 아시아 자회사에서는 전세계로의 수출이라는 글로벌적 경영이 새로운 경향으로 나타나고 있다. 그러나, 미국기업의 아시아 자회사의 아시아 지역내의 판매 비율이 12.5%로 일본의 16.5%에 비하여 더욱 글로벌적이라고 할 수 있다.

일본기업의 이러한 현지 시장 지향은 일본기업의 국제화의 기본 패턴이 수출에서 경제 마찰을 일으켜, 현지 생산 형태에 있는 것을 의미하고, 언제나 시장이 해외에 있어서 글로벌한 해외(Offshore) 생산이라는 영역까지 도달하고 있지 않음을 나타내고 있다. 그리고, 생산에 대해서는 기계산업 주도의 해외 생산은 부품에서 제품까지 다단계의 생산공정을 가지고 있어, 제품 수출에 대한 무역 마찰에 대응하고자 하면, 이번에는 부품 등과 같은 부문에서 새로운 경제 마찰을 발생시킬 위험성도 가지고 있다. 미국의 로컬 컨텐트(Local Content) 법안이 전형적인 예이다.

이와 같이 일본기업의 해외생산은 근본적으로 마찰을 일으키기 쉬운 환경에 있다는 것을 염두에 두고 추진하는 것이 중요하다. 그리고, 해외 생산에 관한 중요한 제언으로서 『현지에서의 생산효율 향상은 일본내와 동일하게 생각해서는 안된다』라는 것이다. 정치·종교·교육·문화 등에 관계되는 모든 문제를 충분히 인식하고 대응하는 것이 필요하다.

시큐어리티와 지적 재산권

(1) CALS상의 시큐어리티

① 시큐어리티 위협에 대한 대응

시스템의 시큐어리티 대책을 고찰할 때에는 어떠한 위기(위협)에서 시스템을 보호해야 하는가를 명확히 할 필요가 있다. 예를 들면, 공개정보는 시스템측에서 「작성자만이 기록(수정)과 실행(삭제, 카피)이 가능하다」라는 조건을 그 파일에 부여하면 된다. 극단적인 경우에는 네트워크상에서 파일이 손상되거나, 정보를 읽는 쪽에서 다소 수정하여 사용하여도 무방한 것이다. 그러나, 기획 단계의 제품정보는 제품의 시장성을 크게 좌우하기 때문에 권리가 확보될 때까지는 그 기밀성이 중요하다. 또한, 발주 전표를 전자적으로 전송(傳送)하는 경우에는 시큐어리티가 다소 복잡하게 된다. 발주정보가 가짜일 수도 있으며, 다른 거래처로 발주정보가 발신될 가능성도 있기 때문이다. 또한, 발주 내용이 발신자와 수신자 사이에서 일치하여야 한다는 점도 중요하다. 발주번호, 수량, 단가 등, 이중에 어느 하나라도 오류가 발생해서는 안된다.

일반적으로 시큐어리티에서의 위협은 「재해」, 「과실」, 「고장」, 「고의」로 분류할 수 있다. 고베 대지진으로 인하여 일본내의 재해 대책은 매우 조직적으로 대응하게 되었지만, 그 이전까지는 「통산 산업성 시스템 안전대책 기준」 또는 지역별 조례로 규정된 설비기준을 초과하는 대책(예를 들면, 백업 센터의 설치 등)은 거의 실시되고 있지 않았다. 또한, 과실에 대해서도 시스템에 2중 3중으로 입력 미스 방지책을 세우더라도, 사용자의 부주의로 발생하는 미스(부주의한 파일 삭제 및 갱신 등)도 매우 많이 있다. 그리고, 고장에는 물리적인 고장뿐만 아니라, 시스템의 설계 미스 및 버그에 의한 고장도 많다.

무엇보다도 시큐어리티의 범위를 설정한 후, 이에 대하여 철저하게 대처하는 것이 중요하다. 일본에서는 바이러스 및 해커에 의한 피해가 구미와 비교해서 매우 적기 때문에 특히, 고의의 시큐어리티 침해에 대한 의식이 적다고 말할 수 있다. 이러한 시큐어리티상의 위협을 상정한 후, 그 대책 방법, 대책 레벨을 검토하는 것도 중요한 작업이다.

② **시큐어리티 대책에 대한 추진 현황 - 평가기준의 국제화**

1985년 DoD(미국방성)에서 DoD가 조달하는 컴퓨터 시스템의 시큐어리티 레벨을 평가하기 위하여 독자적인 평가기준을 규정하였다. 이 기준서 「TCSEC (Trusted Computer Security Evaluation Criteria), 통칭 오렌지 북」은 시큐어리티 기능에 관한 요건과 시스템 개발 과정에서 시큐어리티 대책에 대한 고려 요건을 열거하고, 이 요건의 조합에 의해서 A1, A2, B1, B2, C1, C2, C3, D의 8가지 시큐어리티 레벨을 제시하여, 조달하는 시스템별로 레벨을 설정한 후, 평가시험의 합격을 조달 요건으로 하고 있다. 오렌지 북은 기밀성의 보호에 너무 엄격하였으며, 상용 영역에서도 활용 가능한 조금 더 범용적인 평가 기준이 필요하게 되어, DoC(미국 상무성) 산하의 NIST(National Institute of Standard and Technology)가 MSR(Minimum Security Requirements)을 1993년에 발행하였다. 이 MSR은 오렌지 북과 유럽의 표준인 ITSEC를 참고하여 최소의 시큐어리티 요건을 발췌한 것이다.

유럽에서도 EC(현재는 EU)가 ITSEC(Information Technology Security

Evaluation Criteria)를 개발하여, 이미 영국, 프랑스, 독일 등에서는 운용되고 있다. ITSEC도 오렌지 북과 같이 시큐어리티 레벨을 E1, E2, E3, E4, E5, E6의 6단계로 구분하고, 각각에 평가 내용을 설정하여 운용하고 있다.

현재는 ISO/IEC JTC1 SC27 WG3이 국제표준화 작업을 진행하고 있지만, 이것과는 별도로 유럽과 북미가 중심이 되어 공통표준 CC(Common Criteria)를 작성하고 있으며, ISO의 국제표준에도 이것이 대폭적으로 채택·사용될 것이다.

민간 분야에서도 여러가지 대응책이 실시되고 있다. 미국의 ISSA(Information Systems Security Association)가 중심이 되어 GSSP(Generally-accepted System Security Principles)라는 시큐어리티를 고찰한 후에 기본적인 개념을 정리한 문헌을 편집하고 있다. 또한, 유럽의 컴퓨터 업계 단체인 ECMA(European Computer Manufacturer Association)에서도 독자적인 평가기준을 작성하고 있다.

일본에서는 (社)일본 전자공업진흥협회의 시큐어리티 위원회가 1994년 6월에 「컴퓨터 시큐어리티 기본 요건－기능편－제 1 판」과 「컴퓨터 시큐어리티 기본요건－보증편－제0.9판」을 발행하였다. 이것은 오렌지 북, CC, MSR 및 ITSEC를 참고하여 시스템에 필수적인 기본 요건만 제시한 것으로 미국의 MSR에 상당한다. 일본은 독자적인 평가기준을 작성하지 않고, CC 및 ISO 기준 책정에 공헌함으로서 일본의 의견을 반영시켜 향후에는 이것을 채택·사용할 예성이다.

③ 시큐어리티 대책에 대한 추진 현황 - 평가의 실제

기존 평가 기준의 특징은 시스템이 보유하고 있는 시큐어리티 기능을 열거한 기능요건과 시스템의 개발시, 시큐어리티의 기능을 보증하기 위한 설계 및 구축법 평가를 위해 보증 요건인 2 종류의 요건집에 의하여, 이들 조합에 따라 시큐어리티 레벨을 미리 설정하고 있는 점이다.

이 평가기준에 따라 시스템을 평가하는 것은 제 3 자 기관이며, 평가 결과는 국가가 인정한 인증기관에서 인증되어야 한다.

그러나, 이러한 방법은 결과적으로 사용자나 판매회사가 기대만큼의 성과를 얻을 수 없고, 시간과 코스트면에서 크게 부담이 되고 있다. 특히, 국제석 소날에는 그 국가의 평가기관에 의한 평가를 필요로 하기 때문에 더욱 큰 부담이 되고 있다. 현재 작성되어 있는 CC에서는 이러한 단점을 반영시켜, 전혀 다른 관점에서 개발되고 있다.

CC(공통기준)의 가장 큰 특징은 PP(Protection Profile)이다. PP는 기능 요

건과 보증 요건을 시스템의 시큐어리티 대책에 필요한 것만을 조합하여 시스템별로 개발된다. 이러한 수법에 의하여 시큐어리티 레벨을 매우 폭넓게 설정할 수 있다.

CC가 ISO의 국제기준과 통합화되면, 미국과 EU, 캐나다 등에서 자국의 시큐어리티 평가기준으로 사용될 예정이며, 일본에서도 통상산업성을 중심으로 대응하고 있다. 이에 대한 대응은 평가기준의 사용과 국가 간의 상호 승인, 인증기관의 설치 및 평가결과의 상호 승인에 있다.

④ 미래의 시큐어리티

현재 개발중인 평가기준을 사용하면 시스템의 상호승인이 가능하다. 그러나, 이것의 실현에는 다음과 같은 몇 가지 과제가 있다.

먼저, PP의 작성이 어렵다는 것이다. 여기에는 전문지식과 경험이 필요하다. PP에 대해서는 종래의 TCSEC의 C2에 해당되는 「기본 모형」이 금후 작성될 것으로 예상되지만, 이것을 등록 기관에 등록하여 누구라도 자유롭게 참조해서 독자적인 PP가 쉽게 작성할 수 있는 체제로 검토해야 한다. 특히, CALS의 경우에는 시스템 간의 상호 승인이 반드시 필요하므로, 이를 위해서는 CALS 개념에 기초를 둔 PP 모델의 개발이 요구된다.

그리고, 평가기관에 매우 많은 임무가 할당되어, 평가기관에서는 평가의 경험 축적 및 체계적인 평가법 확립이 향후의 큰 과제가 된다. 특히, 일본에서는 ISO 9000의 인증을 비롯하여, 국내 평가기관 및 인증기관이 없기 때문에, 이에 대한 적극적인 대응이 필요하다. 특히 인증기관만이라도 설치하지 않으면 모든 시스템의 시큐어리티 평가를 해외기관에 의존해야 하며, 이러한 비용이 제품 가격에 반영되어 시장 경쟁력이라는 측면에서 큰 핸디캡이 될 것이다.

(2) 지적 재산권

① 소유권과 사용권

컴퓨터 소프트웨어를 비롯한 모든 소프트웨어의 지적 재산권(저작권 및 복제권 등)은 제작자에게 돌아간다. 수만 개가 출하된 시판용 소프트웨어도, 자신이 직접 개발하여 사용하는 소프트웨어도 모두 동등하게 제작자가 지적 재산권을 소유한다. 소프트웨어를 구매하는 것은 소프트웨어의 사용권을 확보하는 것이다. 따라서, 소프트웨어를 사용할 권리만 획득하는 것이므로, 소프트웨어를 복사하거나, 임의로 타인에게 판매할 수는 없다.

　　CALS는 비즈니스 시스템 그 자체가 대상이 되므로 제품 디자인의 의장, 노하우 및 개발된 시스템 그 자체도 포함되므로, 소프트웨어에 관한 지적 재산권만으로는 충분하게 대응할 수 없게 된다. 소프트웨어의 지적 재산권보다 CALS의 분야에서는 법률적으로 보호되는 모든 기업의 지적 재산권, 특허 등과 같은 기업의 노하우가 보호 가능하도록 검토해야 한다.

② 트레이드 시크릿(Trade Secret)

　　트레이드 시크릿이란 「기업의 기술정보를 이용해서 제 3 자가 이익을 얻고 있는 경우에, 그 제 3 자에게 기술정보의 사용을 금지하도록 요구할 수 있다」라는 것이다. 컴퓨터 소프트웨어에서의 적용 예로서는 전근간 기술자가 전 회사의 노하우를 이용하여 이익을 획득하는 경우에 발생하는 트러블을 들 수 있다.

　　트레이드 시크릿에서 중요한 점은 기술정보가 「기밀로서 관리된 정보」라는 점이다. 즉, 아무런 관리도 되지 있었던 정보는 도난당하더라도, 그것은 기밀로서 보호되지 않는다는 것이다. 따라서, 기밀정보는 항상 관리하여야 한다. 특히, 미국의 경우 노하우는 기본적으로 개인의 것이라는 견해가 있으므로, 기업측에 조금이라도 부주의가 있으면 트레이드 시크릿으로서 인정되지 않는다.

　　일본에서는 아직 컴퓨터 소프트웨어에 관한 판례가 없다. 일본의 법정에서는 사실 관계는 모두 공개하여야 하므로 사용 금지를 청구함과 동시에 「기밀로서 관리된 기술정보」임을 제시하여야 한다. 이것은 주객이 전도된 것으로, 조속한 시일내에 개정되어야 한다.

　　CALS에서는 비즈니스 시스템이 국가 및 기업의 영역을 초월하여 실현된다. 여기에서는 정보의 획득에도 매우 많은 방법이 있다. 시스템의 양단에서는 민족성의 차이도 존재한다. 한쪽은 개인의 능력을 존중하는 실력주의의 국가이며, 또다른 한쪽은 연공서열의 종신고용제가 수용되는 사회이다. 서로 다른 언어, 문화, 민족성 등도 계속 보존되어야 하며, 이러한 환경하에서 정보를 공유하기 위해서는 지적 재산권과 같은 제도의 운용을 통하여 상호 승인을 도모하는 것이 중요하다.

▌▌ 일본의 CALS 추진 계획안

CALS에서는 현재의 과제를 현재의 첨단기술을 이용하여 해결할 것을 강조하고 있다. 이러한 관점에서 지금까지 일본의 기술과제 및 문화적 과제를 광범위하게 정리하였다. 여기에서는 이러한 과제를 해결하기 위한 개별적인 대응방법이 아닌, 통합적으로 추진하는 실행 계획을 제시한다.

DoD(미국방성)에서 시작된 CALS는 미국의 경제기반인 제조업 강화를 도모한 것이지만, 현재는 CALS를 추진하는 국가의 증가와 함께 21세기의 정보사회에서 하나의 경제권을 형성할 것으로 예상되므로, 일본도 경제 공동체의 일원이라는 의식을 가지고 대응하여야 한다.

특히, CALS란 CALS로 형성된 경제 공동체 내에서 각 기업이 협력하여 추구하는 작업수법, 의사결정법 및 관리법 등을 체계화하여, 이들을 물리적인 공간이 아니라 정보공간으로 이행하고자 하는 것이다.

정보공간으로의 이행시에 유의할 점은 과거를 계속 연장하는 것이 아니라, 향후의 이상적 모습을 이미지한 새로운 비즈니스의 구조를 창출하는 것이다. 이 구조는 일본 기업에 직접적인 영향을 미치는 것이므로, 민간기업을 주체로 하여 정부 및 대학이 협력하여 대응하여야 한다. 또한, 네트워크 공간(정보공간)에서의 비즈니스 구조의 초점은 조달 시스템이지만, 종래의 조달 개념이 아닌 21세기의 변종변량 시대에 대응하여야 한다.

일본의 조달 시스템은 대량생산·대량판매시대의 개념에 구축된 것이 현재의 실정이다. 그러나, 21세기의 변종변량 생산 시대에서는 종래의 개념만으로는 적용할 수 없게 된다.

이러한 새로운 환경 안에서 품질, 생산량, 코스트, 스피드 즉, 민첩성(Agility)을 어떻게 확보할 것인가가 일본 제조업의 과제로 되고 있다. 또한, 생산량을 확보하기 위해서는 대량생산 시대의 내부 중심의 정책만으로는 대응이 불가능하게 되며, 아웃소싱(外製化)에 의한 메리트를 공유할 것으로 예측된다. 그러나, 아웃소싱에는 상호 간의 인식 및 구조적인 갭 등의 문제가 있으므로, 민첩성 및 스피드를 확보하는 것이 곤란하다. 이것을 네트워크 공간(정보공간)으로 이행하여, 기업을 초월한 공동기술(Collaborative Engineering)과 CE(Concurrent Engineering) 등의 개념을 가진 조달 시스템을 구축할 필요가 있다.

또한, 조달 시스템의 네트워크 공간은 제품 라이프사이클 활동, 즉 마케팅, 제품개발, 생산 및 로지스틱스 등 모든 페이즈를 포함한다. 이를 위하여 미국에서는 조달기능의 강화책으로서 CALS를 교육하는 조달대학까지도 설립하고 있다.

네트워크 공간을 이용한 조달 시스템을 실현하기 위해서는 사회 시스템으로 취급하여야 한다는 점과 사회적 패러다임 시프트를 위한 보텀업(Bottom-up) 방식의 자율이 강조되는 방법이 요구되지만, 여기에는 너무 많은 시간이 필요하다.

또한, 미국과 같이 관·연·민·학의 공동체로 추진할 필요가 있으며, 구체적인 실시로는 정부의 조달 시스템의 개혁에서부터 시작하여, 표준 모델을 구축하여 민간에 제시할 필요가 있다. 그리고, 정보공유를 위한 인프라로서 정보공유 환경을 구축하며, 국내 및 해외와의 시스템 인티그레이션을 국가적 차원에서 추진할 필요가 있다.

CALS의 개념에 따른 새로운 조달 시스템은 일본에서도 의미가 있다. 그러나, 현재의 CALS는 구미의 환경하에서 구축된 부분적인 모델에 불과하다. 이러한 CALS의 모든 부분이 수용되리라고는 생각되지 않는다. 일본의 경쟁력 강화를 위해서는 일본이 직접 구축하여야 한다. 이를 위해서는 구미의 CALS를 좀 더 일반화할 필요가 있다. 이것을 일본판 CALS(가칭)라 하여, 이를 일반화하기 위한 구체적인 추진 항목을 제시한다.

(1) 21세기의 국제 시스템을 정리할 것

특히 국제화가 확산됨에 따라, 즉 자유 무역권이 확대됨에 따라 종래 국가의 품질 및 생산성 추구에서부터, 세계의 품질, 코스트, 스피드 및 생산성의 확보가 요구된다. 또한, 네트워크 공간으로의 이행 및 실현을 위하여 정보 시스템으로서의 일반적인 아키텍처를 어떻게 구축할 것인가에 대하여 정리하는 것이 중요하다. 그리고, 기업 경쟁력 강화를 위한 국제시장의 특징 및 상거래 형태의 변화 등, 새로운 시대로 향한 기업경영의 기본 항목을 재정의할 필요가 있다.

(2) 기업 연대시의 업무 흐름의 체계화

세계의 기업과 연대하여 품질, 코스트, 생산량, 민첩성 및 스피드를 어떻게 확보할 것인가에 대한 구체적인 업무 프로세스의 체계화 작업, 즉 의사결정법 및 정리법 등을 체계화하는 것을 의미한다.

① 일본의 우수한 경영법, 조달법, 서비스 및 생산수법의 정리 및 체계화

② 이 BPR를 이용하여 EI의 개념에 따른 업무 흐름으로 체계화

③ 업무프로세스간의 인터페이스 사양 및 거래를 위한 운용 룰의 규약화

④ 정보공간으로 이행하기 위한 시스템 공학적 어프로치에 따른 시스템 정비

특히, CALS는 기업 간의 정보공유를 위한 세 가지 규약(데이터 규약, 기능 규약, 테크놀로지 규약)의 구현을 유도한다. 특히, 데이터 규약에는 업무 흐름의 체계화에서부터 산업 공통의 데이터 모델(제품 시방 모델, CIM 모델 및 로지스틱스 모델)을

구축하여야 한다.

특히 일본은 이 분야에서 많이 뒤진 실정이다. 그리고, 이것을 정리하는 것에는 매우 많은 시간을 필요로 한다.

(3) 체계화된 구조를 정보시스템으로 개발

상기의 우수한 비즈니스 모델을 확실하게 실행하기 위해서는 정보시스템으로서 구축하고, 프로그램을 개발해야 한다. 또한, 민첩성을 확보하기 위해서는 시스템 공학적 어프로치에 의한 새로운 정보기반의 정비가 필요하다.

(4) 표준화

각 기업이 네트워크 공간에서 작업을 수행하기 위해서는 시스템의 상호 운용을 확보하여야 한다. 업무 흐름에서 유도된 데이터 규약, 기능 규약 및 테크놀로지 규약 등을 사회 시스템으로서 표준화 및 규격화하여야 한다.

이들을 정비하기 위한 참조모델로서 미국 정부조달 기준인 CALS 규격이 참고가 된다.

(5) 정보 인프라의 정비

새로운 데이터 규약, 새로운 업무 프로세스, 새로운 테크놀로지를 수용한 정보 인프라를 정비하고, 사회기반으로서 산업 정보 네트워크의 정비를 실시한다.

(6) 기존시스템 및 기존 데이터의 컨버전

현재의 종이 및 오래된 데이터 구조로 되어 있는 데이터를 효율적이고 경제적으로 컨버전하는 소프트웨어 및 환경을 정비한다.

(7) 공통의 마인드를 형성하기 위한 메커니즘 확립

사회시스템으로 구현되기 위해서는 산업계에서의 공통 마인드를 형성할 필요가 있다. 그림 8.12에 나타낸 미국이 실시하고 있는 프로토타입 방법이 참고가 된다.

특히, 인티그레이션은 매우 어렵고, 많은 문제를 포함하고 있다. 이것을 잘 해결하지 않으면 더 이상 추진할 수 없다. 또한, 이상적인 시스템으로 구축하기 위해서는 많은 장해(문화적 과제, 법제도적 과제, 기술적 과제)를 해결해야 한다. 산업계의 공통 마인드를 형성하기 위한 방법이 필요하다.

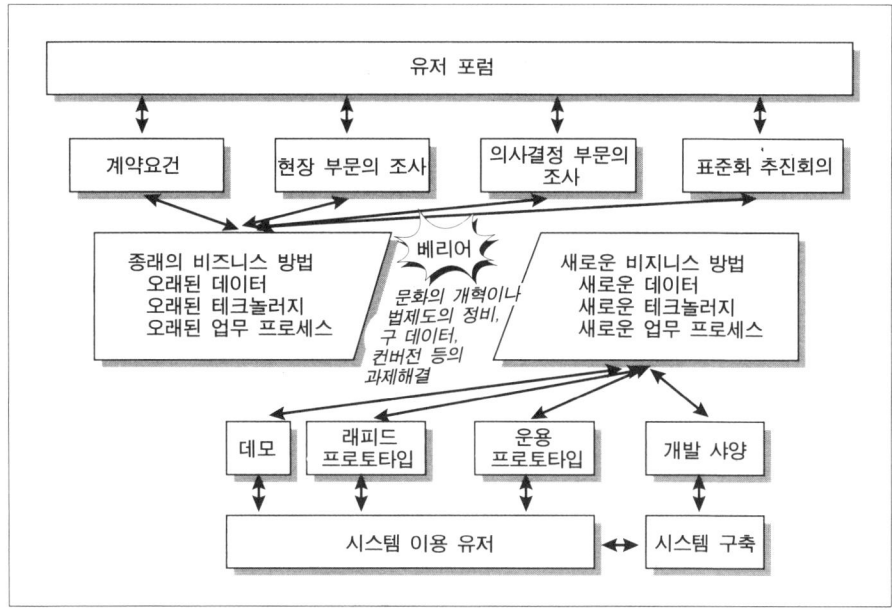

그림 8.12 프로토타입 방법에 의한 공통 마인드의 형성

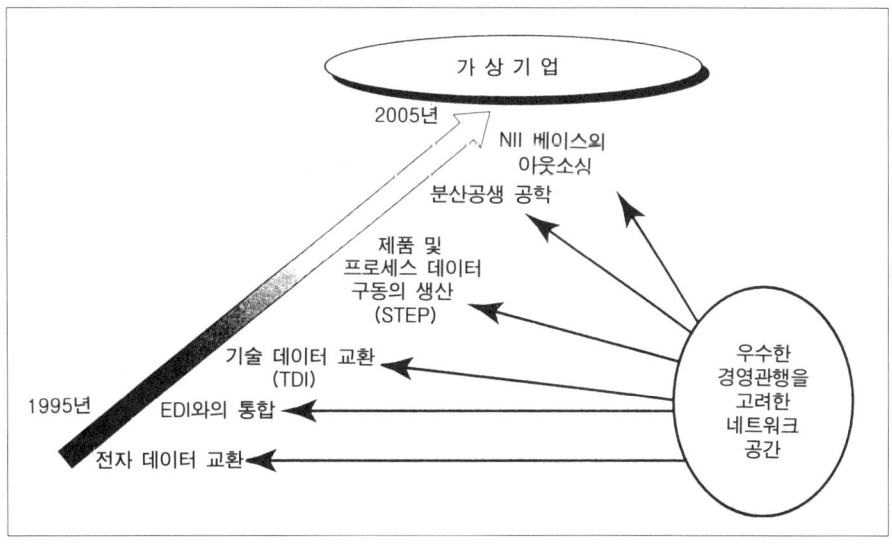

(출처) ARPA SSTO

그림 8.13 미국의 EC(전자상거래) 모델

(8) 마이그레이션(Migration) 계획 수립

이상적 시스템을 구현하기 위해서는 많은 장해를 극복하여야 한다. 이것을 한 번에 해결하기에는 너무 어렵기 때문에, 타임 프레임을 설정할 필요가 있다. 일반적으로 기

업의 업무개혁에는 10년이 소요되므로 이 타임 스팬으로 계획을 수립할 필요가 있다. 미국의 EC(전자상거래) 모델(**그림 8.13**)은 10년의 타임 프레임으로 추진되고 있다.

(9) 정보기술의 정비

새로운 업무 프로세스에서는 다음과 같은 새로운 기술개발과 정비가 필요하다. 표준 추진기관과 연대하여 어느 국가에서도 이용 가능한 기술의 개발과 정비를 필요로 한다.

① 시큐어리티, 지적 재산권, 암호화 등
② 멀티미디어 기술/자동 전자출판 기술
③ 인터페이스 규격 정비(API)
④ 리얼타임 그래픽 기술
⑤ 정보 모델 정비(비즈니스 데이터 및 제품 데이터 모델)
⑥ 고속 네트워크의 정비(사회적 정보 인프라 정비)
⑦ 위기관리

(10) 현재 시판된 소프트웨어의 완비

새로운 데이터, 기술 및 프로세스를 고려한 새로운 소프트웨어의 개발이 필요하다. 또한, 세계의 모든 시스템에서 사용 가능한 소프트웨어가 필요하다. 특히, 중소기업에서도 수용이 용이하도록 현재 시판 된 소프트웨어의 완전한 정비가 필요하다.

이러한 시판 소프트웨어는 세계 어느 곳에서도 이용 가능한 것이어야 한다. 그리고, 세계적인 품질을 보증하기 위해서는 ISO 9000 및 PL법을 적용할 필요가 있다.

CALS의 품질 확보를 위한 초점은 프로세스에 있으며, 프로세스를 수행함으로서 품질이 확보된다는 입장이다. 즉 시스템 개발에 있어서 세계적인 품질 및 코스트가 확보 가능한 프로세스를 창출하여야 한다.

(11) 시스템 간의 상호 운용 인정제도(CALS 인정제도)의 확립

시스템 및 애플리케이션 간의 상호 운용 및 데이터 교환 에러를 극소화하기 위해서는 다음과 같은 CALS 기준에 따라 인정제도를 확립할 필요가 있다.

① 인정기준의 정비
② 테스트 프로그램 및 절차 개발
③ 테스트 환경 정비

(12) 교육 및 추진기관 설립

CALS의 창조·개발·실시·운용은 결국 사람에 의하여 추진되므로, 이를 위한 교육 및 추진기관, 설비를 정립할 필요가 있다.

① CALS 인정제도

② 교육기관의 설립

③ 추진기관

일본판 CALS란 새롭게 일본 고유의 CALS를 구축하고자 하는 것을 의미하는 것은 아니다. 일본에서 통용되도록, 앞서 말한 12항목의 시점에서 구미의 CALS를 좀 더 일반화하자는 것이다. 이것을 수행함으로서 CALS가 창출하는 경제권에 참가할 수 있음을 의미하는 것이다. 일본 기업이 해외로 진출하는 경우나 해외기업이 일본으로 참가하는 경우에 일본판 CALS가 좋은 모델이 될 것이다.

일본판 CALS라는 일반화는 일본에서만 가능하다. 현재 요구되고 있는 것이 일본에서의 일반화라는 국제 공헌이다.

또한, 아시아 각국이 스스로의 일반화를 노력 하면 구미, 일본, 아시아에서 CALS에 의한 경제공동체가 형성되어 자유롭게 비즈니스를 할 수 있게 된다. 이러한 일반화의 이미지는 **그림 8.14**에 나타낸 바와 같다.

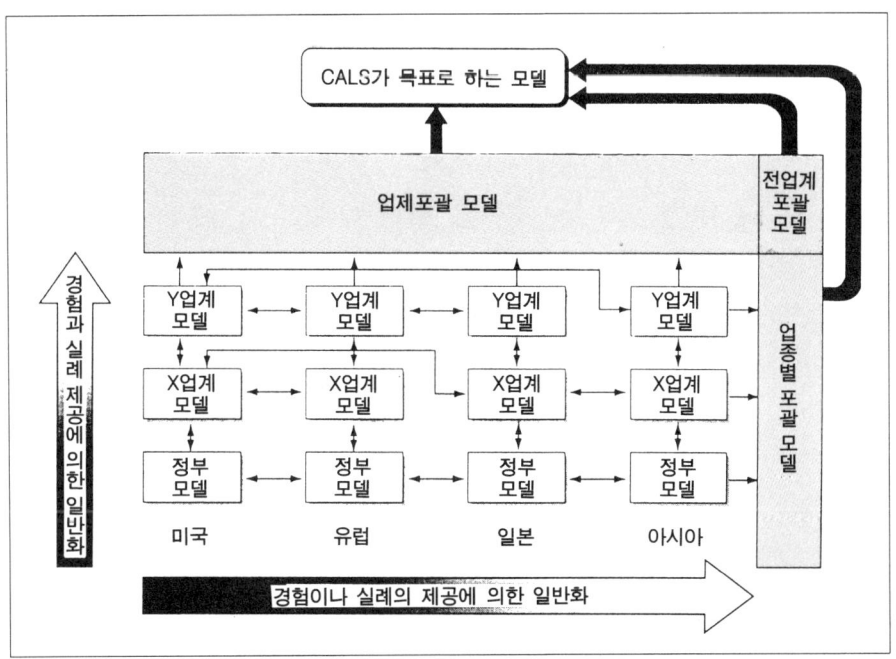

그림 8.14 CALS의 일반화 프로세스의 이미지

마지막으로 미국에서는 CALS의 기능범위에 마케팅 기능을 수행하는 전자상거래를 포함한 가상기업(Virtual Enterprise)의 검토가 실시되어, 2005년에 완성을 목표로 하고 있다. 일본도 여기에 상응하여 일본판 CALS를 구축하여야 한다.

CALS는 세계화(Globalization)라는 복잡한 메커니즘 안에서 「히트 상품 및 서비스를 창출하기 위한 구조」를 구축하는 것으로, 이러한 공통의 목적을 가진 경제공동체의 경제성장을 추구하는 것이다. CALS는 결코 일본 기업에 대해 짐이 되는 것이 아니며, 진취적으로 대응하는 것이 중요하다.

참고 문헌

1) 手塚潤治 「Hello! CALS」, 옴사, 1995년 6월
2) 後藤龍男 「CALS : 21세기의 기업정보 시스템 국제표준 확립과 기업통합을 향하여」, 정보처리, 1995년 1월호
3) 「퓨처 팩토리 시스템(FFS)에 관한 조사연구 보고서 제4보」, 일본 전자공업진흥협회, 1988년 3월
4) 「뉴팩토리 시스템(NFS)에 관한 조사연구 보고서」, 일본 전자공업진흥협회, 1990년 5월
5) 「뉴팩토리 시스템(NFS)에 관한 조사연구 보고서」, 일본 전자공업진흥협회, 1994년 6월
6) 井上英夫 「에코 팩토리 기술」, 일본 기계학회지, Vol.95, No.884
7) 「첨단 제조기술에 있어서의 국제 공동연구 프로그램 국제운영 위원회 최종 보고서」, IROFA IMS 센터
8) 지적 생산시스템(IMS 프로그램), 전기학회지, 1994년 12월
9) 高桑郁太郎 「버추얼 코퍼레이션 매니지먼트」, 다이아몬드사
10) 「CAD의 위력을 배로 증가시키는 도면관리 시스템」, 日經CG, 1993년 4월
11) 「설계정보관리 시스템」, FUJITSU, 1994년 9월
12) 穂坂衛, 左田登志夫 「통합화 CAD/CAM 시스템」, 옴사
13) 依田直也 譯 「Made In America」, MIT 산업생산성 위원회, 草思社, 1990년
14) JCIP편 · 吉川弘之 감수 「Made In Japan」, 다이아몬드사, 1994년
15) 勝又籌良 「일본기업의 파괴적 창조」, 동양경제 신보사, 1994년
16) 小尾敏夫 · 增捧孝吉 「情報通信 리엔지니어링」, 講談社, 1994년
17) 靑木利晴也 「인터넷 & 정보 슈퍼하이웨이」, 옴사, 1995년
18) 福田收一 「컨커런트 엔지니어링」, 培風館, 1993년
19) D. E. 카터 / B. S. 베이커 著 · 멘터 · 그래픽스 · 저팬 譯 · 末次逸夫 / 大久保浩 監譯 「컨커런트 엔지니어링」, 일본능률협회 매니지먼트 센터, 1992년
20) 신 에너지 · 산업기술 종합개발기구 / (財)엔지니어링 진흥협회(위탁처), 1993년도 조사보고서 「에코 팩토리 기술에 관한 조사연구」, 1994년
21) 木村文彦 「PDM 시스템과 컨커린드 엔지니어링」, 실계 리엔지니어링의 열쇠를 쥔 PDM (제품 데이터 관리) 시스템의 실용 사례 텍스트, 1.4, 1994년
22) IMS 국제 공동연구 프로그램 국내선행 연구개발 기획 「차세대 생산시스템 구축을 위한 종합 모델의 연구에 관한 연구성과 보고서(요약판)」/프라임 콘트랙터 : 동양 엔지니어링(株), (財)국제 로봇 FA 기술센터, IMS 센터, 1993년 3월

23) 木村文彦「생산의 혁신을 실현하는 계산기 지원기술」, 일본 유니시스技報, 1993년 5월

24) IMS 국제 공동연구 프로그램 국제 테스트 케이스「홀로닉 생산시스템=자율형 모듈과 그 분산제어 시스템 구성요소 기술에 관한 연구보고서(보급판)」/ 프라임 콘트랙터, (株)日立製作所, (財)로봇 FA 기술센터, IMS 센터, 1994년 3월

25) 윌리엄 파이넌, 제프리 프라이「일본의 기술이 위험하다」, 일본 경제신문사

26) 圈川降夫「토털 로지스틱스」, 공업조사회

27) 吉岡誠編「SGML의 권장」, 옴사

28) 田邊孝則「일본경제의 대역류」, 일본 경제신문사

29) 「EDI 입문」, JPDEC.CII, 1993년 9월

30) 「EDI 입문 (2)」, JPDEC.CII, 1994년 2월

31) 「CALS의 연구에 관한 조사보고」, 일본 전자공업진흥협회, 1994년 3월

32) 「CALS 프로그램에 관해서」, 전자공업월보, 1994년, Vol.36, No.5

33) 「CALS Japan '94 자료」, 일본 전자공업진흥협회, 1994년 10월

34) 「CALS 기술세미나 자료」, 일본 전자공업진흥협회, 1993년 4월

35) 「ISO 9000 설정과 그 구조」, (財)일본 품질시스템 감사등록인정협회, 1994년 2월

36) 中澤一彰・岡寬明「알기 쉬운 제조물 책임의 지식」, 옴사, 1995년

37) 윌리엄 H 터비드, 마이켈 S 머론「버추얼 코퍼레이션」

38) 「CALS EXPO '92 Proceedings」, WCGF/CALS ISG, 1992년

39) 「CALS EXPO '93 Proceedings」, WCGF/CALS ISG, 1993년

40) 「CALS EXPO '94 Proceedings」, WCGF/CALS ISG, 1994년

41) 石黑憲彦・奧田耕士「CALS-미국정보 네트워크의 위협」, 일간공업신문사, 1995년

42) 根津和男「CALS 성공의 조건」, 공업조사회, 1995년

43) 末松千尋「CALS의 세계」, 다이아몬드사, 1995년

44) 中見利男「최종 병기 CALS」, 일본문예사, 1995년

45) 籔晴彦・田邊茂也「HTML 빠른 이해」, 옴사, 1995년

46) 水田浩「CALS의 가능성」, 生産性出版, 1995년

47) 岸本朗佳「일본에 있어서 CALS의 의의」, 일본 유니시스技報, 1995년

CALS 용어집

A

acceptance	수용, 합격
acceptance inspection	수용검사
acceptance test	수용시험, 수취시험
accession list	수용 리스트
acquisition	조달
acquisition management	조달관리
acquisition manager	조달관리자
acquisition process guidance	조달 프로세스 가이던스
administrative data	관리 데이터
ADP(Automated Data Processing)	자동 데이터 처리
AECMA(Association Europeene des Constructeurs de Materiel Aerospatial)	유럽항공기산업연합회
AFB(Air Force Base)	공군기지
agile manufacturing	민첩 제조
agile production	민첩 생산
ALC(Acquisition Logistics Center)	조달, 후방지원센터
ANSI(American National Standards Institute)	미국규격협회
AP(Application Protocol)	애플리케이션 프로토콜 규격
APLS(Advanced Procurement and Logistic Systems)	영국의 CALS와 유사한 추진활동
application profile	애플리케이션 프로파일
archive	아카이브, 보존기록
ASA(American Standard Association)	미국표준협회
ASCII(American Standard Code for Information Interchange)	정보교환용 미국표준기호
ASME(American Society of Mechanical Engineers)	미국기계학회
audit	회계검사, 감사
authoring	(교재의)작성, 집필

B

BCL(Binary Cutter Location)	바이너리 커터 로케이션
BOT(Beginning Of Tape)	테이프의 시작점

BPR(Business Process Re-engineering)　　　　비즈니스 프로세스 리엔지니어링
BSC(Binary Synchronous Communication)　　　BSC 통신 절차
business data processing　　　　　　　　　　　사무 데이터 처리
business practices　　　　　　　　　　　　　　비즈니스 관행

C

CAC(Contractor's Approach to CALS)　　　　CALS 대응 구상
CAD(Computer Aided Design)　　　　　　　　컴퓨터 지원 설계
CAE(Computer Aided Engineering)　　　　　　컴퓨터 지원 해석
CAGE(Commercial and Government Entity)　　민간 및 정부의 엔티티(실체)
CAI(Computer-Aided Instruction)　　　　　　컴퓨터 지원 교육
CALS(Commerce At Light Speed, Computer aided Acquisition and Logistics Support,
　　　Continuous Acquisition and Life-cycle Support)

　　　　　　　　　　　　　　　　　　　　생산·조달·운용 지원 통합 정보 시스템
CALSIP(CALS Implementation Plan)　　　　CALS 실시계획
CALS ISG(CALS Industrial Steering Group)　CALS 산업 운영 단체(미국)
CASE(Computer-Aided Software Engineering)　컴퓨터 지원 소프트웨어 공학
CAT(Computer Aided Testing)　　　　　　　컴퓨터 지원 시험
CATIA(Computer graphics Aided Three dimensional Interactive Application)

　　　　　　　　　　　　　　　　　　　　3차원 CAD 시스템
CAM(Computer Aided Manufacturing)　　　　컴퓨터 지원 제조
CC(Common Criteria)　　　　　　　　　　　공통표준
CCB(Configuration Control Board)　　　　　컨피규레이션 관리위원회
CCITT(International Consultive Committee on Telegraphy and Telephony)

　　　　　　　　　　　　　　　　　　　　국제 전신전화자문위원회, ITU로 개칭
CCO(Commercial Concepts of Operation)　　민간운용 개념
CDRL(Contract Data Requirements List)　　계약 데이터 요구 리스트
CE(Concurrent Engineering)　　　　　　　　컨커런트 엔지니어링
CEP(Concept Evaluation Phase)　　　　　　개념 평가 단계
CGM(Computer Graphics Metafile)　　　　　컴퓨터 그래픽 메타파일
CIF(CALS Industry Forum)　　　　CALS 추진협의회(미국 CALS-ISG에 상당하는 일본의 조직)
CII(Center for the Informatization of Industry)

　　　　　　　　　　　　일본 정보처리개발협회/산업정보화추진센터(JIPDEC/CII)
CIM(Computer Integrated Manufacturing)　　컴퓨터 통합 생산
CIM(Corporate Information Management)　　기업정보관리
CITIS(Contractor Integrated Technical Information Service)

　　　　　　　　　　　　　　　　　　　　계약자 통합기술정보 서비스
CLIN(Contract Line Item Number)　　　　　계약라인 항목번호
CLM(Council of Logistics Management)　　　로지스틱스 관리협회
CM(Configuration Management)　　　　　　컨피규레이션 관리, 형태관리, 구성관리
compound data architecture　　　　　　　　복합 데이터 구조

configuration	컨피규레이션, 기기구성
contractor	계약자
COTS(Commercial Off-The-Shelf)	CALS를 지원하는 상용 소프트웨어
CPD(Concurrent Product Definition)	병행 제품 정의
CS(Customer Satisfaction)	고객만족도
CSRC(CALS Shared Resource Centers)	CALS 리소스 센터(ECRC로 개칭)
CTN(CALS Test Network)	CALS 테스트 네트워크

D

DAB(Defense Acquisition Board)	국방 조달위원회
DAL(Data Accession List)	데이터 수락 리스트
DAP(Digital Assembly Plan)	디지탈 조립 계획
DARPA(Defense Advanced Research Project Agency)	국방 고등연구 기획원
data type deliverables	데이터형 납입물
DBT(Design-Build Team)	설계-제조팀
DDN(Defense Data Network)	국방 데이터 네트워크
defense conversion program	방위산업의 전환 프로그램
deliverables	납입물
deployment	전개
Deputy Secretaty of Defense	국방차관
DES(Data Encryption Standard)	데이터 암호화 규격
design engineering	설계공학
DFAR(Defense Federal Acquisition Regulations)	방위연방 조달규징
DIC(Development Issues Control)	개발항목 관리
DID(Data Item Description)	데이터 항목 기술
digital data products	디지털 데이터 성과물
digital deliverables	디지털 납입물
DII(Defense Information Infrastructure)	(미국)국방 정보기반
DISA(Defense Information Systems Agency)	국방 정보 시스템국
DISN(Defense Information System Network)	국방 정보 시스템 네트워크
DLA(Defense Logistic Agency)	국방 후방지원국
DoC(Department of Commerce)	미국 상무성
DoD(Department of Defense)	미국방성
DoE(Department of Energy)	에너지성
DODISS (Department of Defense Index of Specifications and Standards)	국방성 시방·표준색인
DoT(Department of Transportation)	미국 운수성
DPA(Digital Pre-Assembly)	디지털 사전 조립
DPD(Digital Product Definition)	전자/제품 정의
DSSL(Document Style Semantics and Specificaion Language)	문서양식 정의 언어

DTD(Document Type Definition) 문서형 정의
DTD(Digital Tool Definition) 전자 툴 정의
dual-use technologies (군민)양용기술

E

EC(Electronic Commerce) 전자상거래
ECN(Engineering Change Notice) 기술변경 통지
ECP(Engineering Change Proposal) 기술변경 제안
ECRC(Electronic Commerce Resource Center) EC 리소스 센터
EDI(Electronic Data Interchange) 전자 데이터 교환
EDIF(Electronic Design Interchange Format) 전자적 설계 교환 형식
EDIFACT(EDI for Administration Commerce and Transport)
　　　　　　　　　　　　　　　　　　　　　　행정기관, 상업, 운송을 위한 EDI
EDIFICE 유럽 EDI 추진기관
EDIA(EDI Association) 캐나다 EDI 기관
EDMICS(Engineering Drawings Management and Information Control System)
　　　　　　　　　　　　　　　　　　기술도면관리 · 정보관리 시스템
EI(Enterprise Integration) 기업통합
EIA(Electronic Industries Association) 미국 전자공업회
EIAJ(Electronic Industry Association of Japan) 일본 전자기계공업회
EM(Engineering Management) 기술관리
EOS(Electronic Ordering Systems) 전자발주 시스템
ETM(Effectivity Tabulation System) 유효성 평가 시스템
EUCIG(European CALS Industry Group) 유럽 CALS 산업단체

F

FA(Factory Automation) 공장자동화
FAR(Federal Acquisition Regulation) 연방 조달 규칙
FFS(Future Factory System) 미래의 생산시스템
FIPS(Federal Information Processing Standard) 연방 정보처리 규격
FIPS(Federal Information Publications Standard) 연방 정보간행 규격
FMS(Flexible Manufacturing System) 유연생산 시스템
FOSI(Formatting Output Specification Instance) 출력 형식 시방요구
FRACAS(Failure Reporting Analysis and Corrective Action System)
　　　　　　　　　　　　　　　　　　고장보고, 분석, 수리관리 시스템

G

GCO(Government Concepts of Operation) 정부 운용 구상
GDMS(Global Data Management System) 글로벌 데이터 관리 시스템
GFE(Government Furnished Equipment) 정부 지급장치
GFI(Government Furnished Information) 정부 지급정보

GII(Global Information Infrastructure)   전세계 정보 인프라
GOSIP(Government Open Systems Interconnection Profile)
                                                            정부 오픈 시스템 상호 접속 프로필
GSSP(Generally-accepted System Security Principles)   범용 시스템 시큐어리티 원칙

H

HIM(Human Integrated Manufacturing system)   인적 통합 제조 시스템
HPCC(High Performance Computing and Communications) 고성능 컴퓨팅·통신
HTML(Hypertext Markup Language)   HTML 언어
HVC(Hardware Variability Control)   하드웨어 편차관리
HyTime(Hypermedia/Time-Based Structuring Language) 하이타임 언어

I

ICAM(Integrated Computer-Aided Manufacturing)   통합화 컴퓨터 지원 제조
ICC(International CALS Congress)   CALS 국제회의
IDA(Institute for Defense Analysis)   국방조사국
IDB(Integrated Database)   통합 데이터베이스
IDEF(Integrated Data Definition)   통합 데이터 정의
IDSDB(Integrated Defense System Data Base)   통합 방위 시스템 데이터베이스
IEEE(Institute of Electrical and Electronics Engineers) 미국 전기 전자학회
IETM(Interactive Electronic Technical Manual)   대화형 전자기술 메뉴얼
IFB(Invitation For Bid)   입찰고시
IGES(Initial Graphics Exchange Specification)   초기 그래픽 교환 시방
IITF(Information Infrastructure Task Force)   정보 인프라 테스크 포스
ILS(Integrated Logistics Support)   통합 로지스틱스(후방) 지원
ILSP(Integrated Logistics Support Plan)   통합 로지스틱스(후방) 지원 계획
IMS(Intelligent Manufacturing System)   지적생산 시스템
infrastructure modernization   인프라 근대화, 인프라 갱신
integrated design reviews   확대 설계 리뷰
IP(Internet Protocol)   인터넷 프로토콜
IPC(Institute for Interconnecting and Packaging Electronic Circuits)
                                                      전자 회로 상호 접속 패키지 협회
IPT(Integrated Product Team)   통합 제품개발팀
ISG(Industry Steering Group)   CALS ISG, CALS 산업 운영 단체
ISO(International Organization for Standardization)   국제표준화 기구
ITO(Instruction To Offerors)   응찰사에의 지시
ITSEC(Information Technology Security Evaluation Criteria)
                                                      정보기술 시큐어리티 평가기준
ITSEM(Information Technology Security Evaluation Manual)
                                                      정보기술 시큐어리티 메뉴얼
ISSA(Information System Security Association)   정보시스템 시큐어리티 협회

ITU(International Telecommunication Union)　　　　　국제전기 통신연합
IWSDB(Integrated Weapon System Data Base)　　　　통합 병기시스템 데이터베이스

J

JASTPRO　　　　　　　　　　　　　　　　　　　　일본 무역관계 절차 간이화 협회
JCALS(Joint CALS)　　　　　　　　　　　　　　　　삼군 통합 CALS
JEDIC(Japan EDI Council)　　　　　　　　　　　　　EDI 추진협의회
JEDMICS(Joint Engineering Drawings Management and Information Control System)
　　　　　　　　　　　　　　　　　　　　　　　　삼군 통합 기술도면 관리 시스템
JEIDA(Japan Electronics Industry Development Association)
　　　　　　　　　　　　　　　　　　　　　　　　일본 전자공업진흥협회
JIPDEC(Japan Information Processing Development Center)
　　　　　　　　　　　　　　　　　　　　　　　　일본 정보처리개발협회

L

LA(Laboratory Automation)　　　　　　　　　　　　연구소 자동화
LCC(Life Cycle Cost)　　　　　　　　　　　　　　　라이프사이클 코스트
legacy data system　　　　　　　　　　　　　　　기존 데이터 시스템
life cycle support　　　　　　　　　　　　　　　　라이프사이클 지원
logistics　　　　　　　　　　　　　　　　　　　　로지스틱스, 후방
logistics support　　　　　　　　　　　　　　　　후방지원
LORA(Level Of Repair Analysis)　　　　　　　　　　수리해석의 레벨
LRG(Logistic Review Groups)　　　　　　　　　　　후방지원 평가 그룹
LSA(Logistic Support Analysis)　　　　　·　　　　후방지원 해석
LSAR(Logistic Support Analysis Record)　　　　　　후방지원 해석기록

M

MAP(Manufacturing Automation Protocol)　　　　　제조 자동화 프로토콜
MIL(Miltary)
MIS(Management Information System)　　　　　　　경영정보 시스템
MRP(Material Requirements Planning)　　　　　　　자재소요량 계획

N

NCALS(Nippon CALS)　　　　　일본생산·조달·운용 지원 통합 정보 시스템 기술연구조합
NATO(North Atlantic Treaty Organization)　　　　　북대서양 조약기구
NCPDM(National Council of Physical Distribution Management)
　　　　　　　　　　　　　　　　　　　　　　　　미국 물류관리 협의회
NDI(Non-Developmental Item)　　　　　　　　　　비개발 품목
NFS(New Factory System)　　　　　　　　　　　　신생산시스템
NII(National Information Infrastructure)　　　　　　전미 정보기반
NIST(National Institute of Standards and Technology)　미국 표준국

NREN(National Research Education Network)   전미 연구·교육 네트워크
NSA(National Security Agency)   미국 안전보장국
NSF(National Science Foundation)   전미 과학재단
NSIA(National Security Industrial Association)   미국 국방산업협회
NTIA(National Telecommunications and Information Administration)
미국 통신정보국
NTIS(National Technological Information Service)   전미 기술정보 서비스

O

OASD(Office of the Assistant Secretary of Defense)   국방차관 사무국
ODA(Office Document Architecture)   오피스 문서체계
OSD(Office of the Secretary of Defense)   국방장관 사무국
OSI(Open Systems Interconnection)   개방형 시스템 상호접속

P

PDES(Product Data Exchange using STEP)
STEP에 의한 제품 데이터 교환(PDES), 미국에 있어서의 STEP 추진활동, 단체 PDES Inc.
PDL(Page Description Language)   페이지 기술언어
PDM(Product Data Management)   제품 데이터 관리
POC(Point Of Contact)   연락처
POS(Point Of Sales)   판매시점 정보관리
POS(Publications Order Sheet)   출판지시서
POSIX(Portable Operating System Interface for Computer Environment)
컴퓨터 환경용 포터블 오퍼레이팅 시스템
PPDM(Process Product Data Management)   프로세스·제품 데이터 관리

R

P&M(Reliability and Maintainability)   신뢰성과 보수성
RAMP(Rapid Acquisition of Manufactured Parts)   생산품의 고속 조달
RFD(Request For Deviation)   특인신청, 데비에이션 요청
RFP(Request For Proposal)   제안요구
RFW(Request For Waiver)   특인요청

S

SDAI(STEP Data Access Interface)   STEP 데이터 액세스 인터페이스
SEM(System Engineering Management)   시스템 공학관리
SGML(Standard Generalized Markup Language)   문장 기술언어 SGML
SIE(Special Inspection Equipment)   특별 검사장치
SIS(Strategic Information System)   전략정보 시스템
SOLE(Society of Logistics Engineers)   로지스틱스 학회
SOSC(System Operational Support Capability)   시스템 운용 지원능력

SOW(Statement Of Work)   작업명세
SPDL(Standard Page Discription Language)   표준 페이지 기술언어
SQL(Structured Query Language)   구조화 조명 언어
STEP(Standard for the Exchange of Product Model Data) 제품 모델 데이터 교환규격
strategic partnership initiative   전략적 사업협력체제 정비

T

TCP(Transmission Control Protocol)   전송 제어 프로토콜
TCSEC(Trusted Computer Security Evaluation Criteria)   시큐어리티 평가기준서(통칭 오렌지 북)
TDP(Technical Data Packages)   기술 데이터 패키지
TO(Technical Order)   기술지시서
TOP(Technical Office Protocol)   기술 오피스 프로토콜

V,W

VE(Virtual Enterprise)   가상기업
VHDL(VHSIC Hardware Description Language)   VHSIC 하드웨어 기술언어
VHSIC(Very High Speed Integrated Circuit)   초고속 IC
WBS(Work Breakdown Structure)   작업 계층구조
WWW(World Wide Web)   월드 와이드 웹

역자 소개

정 석 찬

● 부산대학교 기계설계학과 졸업
● 日本 大阪府立大學 經營工學科 석사, 박사(공학박사)

  현재 시스템공학연구소 선임연구원
      한국 CALS/EC 학회 국제이사
      한국 CALS/EC 전문가위원회 전문위원

CALS 기술 개발을 연구과제로 하고 있으며, 현재 정보통신부 정책지
정과제로서 CITIS 및 통합 데이터베이스 기술 개발에 관한 연구를 수
행하고 있음.

[역서] "CALS 트랜드", 21세기북스사, 1996
       (CALS의 可能性, 水田活 編著, 生産性出版, 1995)
       "CALS 구상", 도서출판문원, 1996
       (CALS 構想, 後藤 明也著, 生産性出版, 1995)

          <연락처> Tel : 042-869-1512
                  Fax : 042-869-1549
                  (E-mail)scjeong@seri.re.kr

시퀀스 제어 시스템

박한종 譯/4·6배판/312p/정가 12,000원

시퀀스 제어에 대한 기초 지식이 없어도 회로를 보는 법과 원리를 이해할 수 있도록 초보자를 대상으로 시퀀스 제어 시스템에 대한 기초 사항을 상세한 회로도와 그림으로 쉽게 해설하였다. 또한 시퀀스 제어 개요부터 소프트웨어, 하드웨어 및 관련 규격을 기술하였다.

현장 활용 시퀀스 회로

박한종 譯/4·6배판/194p/정가 8,000원

현장 기술자, 특히, 기계 계통 기술자, 기계 가공 계통 기술자를 대상으로 쓴 실무서이다. 기계의 조립 공정에서 자주 발생하는 결함이나 잘못된 조립 등을 방지하기 위한 장치를 만드는 데 필요한 시퀀스 회로의 기초 지식과 구체적인 예를 쉽게 정리한 입문서이다.

시퀀스 제어 회로도 보는 법

박한종 譯/4·6배판/420p/정가 15,000원

처음으로 무접점 시퀀스를 배우려는 사람이나 어디서부터 공부해야 할지 알지 못하는 사람들에게 입문서가 될 수 있도록 해설하였다. 단순히 읽는 것에서 탈피하여 직접 순서를 찾아 생각할 수 있도록 중요 항목마다 연습 문제를 두어 풀도록 하였다.

누구나 알기 쉬운 시퀀스 제어 입문

박한종 譯/4·6배판/184p/정가 7,000원

시퀀스 제어의 기초적인 내용부터 현장 응용에 이르기까지 실무 중심으로 로직시퀀스를 하나의 시퀀스 제어 기술로서 상호 관련지어 학습할 수 있도록 구성하였다.

메커트로닉스를 위한 모터 제어 기술

이영헌 編著/4·6배판/392p/정가 12,000원

소형 정밀 모터를 이용한 제어와 서보 기구의 이해 및 서보 기구를 설계하고 현장에 적용하고자 하는 분들을 위해 모터 제어의 실무적 지침서로 활용할 수 있게 하였다. 산업 현장에서 생산성 향상을 위한 기술 혁신의 바탕이 될 것이다.

전기 기술자를 위한 현장 측정 기술 입문

박한종 譯/4·6 배판/172p/정가 6,000원

일본 도서관협회 선정 도서로까지 지정된 바 있는 본 서는 전기 기기 가운데 모터와 트랜스에 관하여 쉽게 해설하였고, 실무에서도 그대로 이용할 수 있도록 상세한 해설을 덧붙여 설명하였다. 초보자뿐만 아니라, 전기 계통과 관련이 있는 사람, 사용자, 학생의 참고서로서 꼭 필요한 필독서이다.

전기설비의 측정실무와 트러블 대책입문

일본(財)중부전기보완협회 編/4·6배판/158p/정가 8,000원

본서는 전기 설비의 보수 관리, 사고·고장을 미연에 방지할 수 있는 방법을 설명한 전기 보완 실무서로 현장 기술자의 입장에서 기초 지식부터 고난도의 높은 실무까지 이해하기 쉽게 그림과 도표 등으로 구성하였다.

배전 자동화 시스템 입문

일본배전자동화연구회 編/4·6배판/264p/정가 8,000원

본 서는 배전 자동화 시스템을 현실적인 시점에서 체계적으로 정리하는 동시에 최신의 컴퓨터·통신 기술 등의 전망과 시스템의 도입 계획 작성 및 보수·운전 배전 자동화와 배전 종합 자동화 시스템의 기술 개발 등에 참고가 될 데이터를 제공하고 있다.

전기 설비 실무 텍스트

일본Ohm사 전기와공사 편집부 編/4·6배판/224p/정가 8,000원

본 서는 전기 설비에 대한 새로운 사고와 선진 기술에 대해 설명하고 있다. 특히 전기 설계, 전기 공사, 전기 기기 제조 등에 종사하는 분을 위해 공장의 오토메이션, 인텔리전트 빌딩의 전기 기술, 에너지 사용 합리화 기술, 전기 안전 등의 폭넓은 지식과 고도의 기술을 다루었다.

회로 이론(신경향 시리즈 1)

전기기사 자격시험 연구회 編(서고당 出)/4·6배판/456p/정가 8,000원

본문의 구성 ☞ 정현파 교류/기본 교류 회로/전력/상호 유도 회로 및 벡터 궤적/일반 선형 회로망/다상 교류 및 대칭 좌표법/비정현파 교류/2단자망/4단자망/분포 정수 회로/과도 현상/라플라스 변환/전달 함수

알기쉬운 실전
CALS

西紀 1997年 11月 27日 初版 1刷 印刷
西紀 1997年 12月 2日 初版 1刷 發行

編 著   日本 CALS推進協議會
譯 者   정 석 찬
發行者   圖書出版 省 安 堂
         代 表 李 鍾 春

| 檢 印 |
| 省 略 |

郵便番號 150-056
서울시 영등포구 신길6동 4579
전화 : (02) 844-0511 (代)
팩스 : (02) 844-8177
등록 : 1973. 2. 1. 제13-12호

정가 6,000원

© 1997 성안당
Printed in Korea

※파본은 교환하여 드립니다.

ISBN 89-315-3115-X